工业和信息化"十三五"
高等职业教育人才培养规划教材

计算机网络技术

入门教程 项目式

Introduction to Computer Network Technology Tutorial

梁诚 ◎ 主编

李剑 ◎ 副主编

赵一瑾 陈环 ◎ 主审

陈颖 李琼 李蔚娟 ◎ 参编

U0393084

人民邮电出版社

北 京

图书在版编目（CIP）数据

计算机网络技术入门教程：项目式 / 梁诚主编. --
北京：人民邮电出版社，2016.8（2021.6 重印）
工业和信息化"十三五"高等职业教育人才培养规划
教材
ISBN 978-7-115-42859-2

Ⅰ．①计… Ⅱ．①梁… Ⅲ．①计算机网络－高等职业
教育－教材 Ⅳ．①TP393

中国版本图书馆CIP数据核字(2016)第142130号

内 容 提 要

本书是计算机网络技术的入门级教材，它打破了传统的课程教学模式，以职业能力为导向，构建以项目为载体的课程体系。本书将理论教学和实践教学融为一体，由浅入深构建了 7 个项目，包括认知网络、双机直连、组建简单的局域网、配置和管理网络、配置 Internet 接入、组建小型无线局域网、构建安全的校园网络，内容涵盖网络体系结构、局域网技术、网络传输介质与网络设备、IP 地址、网络共享、网络接入技术、网络服务配置、无线局域网、网络安全技术等知识。

本书可作为高职高专院校相关专业的计算机网络技术课程的教学用书，也可作为网络技术人员的入门级培训教材和网络初学者的参考用书。

◆ 主　编　梁　诚
　　副 主 编　李　剑
　　主　审　赵一谨　陈　环
　　参　编　陈　颖　李　琼　李蔚娟
　　责任编辑　范博涛
　　责任印制　焦志炜

◆ 人民邮电出版社出版发行　　北京市丰台区成寿寺路 11 号
　　邮编　100164　电子邮件　315@ptpress.com.cn
　　网址　http://www.ptpress.com.cn
　　国铁印务有限公司印刷

◆ 开本：787×1092　1/16
　　印张：10.5　　　　　　　　2016 年 8 月第 1 版
　　字数：261 千字　　　　　　2021 年 6 月北京第 13 次印刷

定价：28.00 元

读者服务热线：(010)81055256　印装质量热线：(010)81055316
反盗版热线：(010)81055315

前 言

　　随着数据通信技术与信息技术的迅猛发展，计算机网络技术的应用领域已逐渐深入到社会的各行各业，社会对网络技术应用型人才的需求也越来越大，熟悉计算机软硬件、能够进行基本的网络管理与维护已成为众多企业对员工的基本要求。

　　本书打破了传统的课程体系结构，从高职高专院校培养应用型和技能型人才的目标出发，以职业能力为导向，以项目为载体来组织教学内容。我们根据学生对网络的认知过程，由浅入深构建了 7 个项目，在每个项目中首先描述项目或任务背景，再讲授相关理论知识，最后讲解实施任务的操作步骤。通过这些环节将"教""学""练"相结合，将理论教学与实践教学融为一体，从而培养出动手能力强、综合素质高的实用性网络工程技术人才，增强学生的就业能力。

　　本书由云南交通职业技术学院交通信息工程学院的多位教学一线的教师共同编写，由梁诚担任主编，负责拟定编写大纲和统稿。全书由 8 个部分组成，其中项目一由李剑编写，项目二由李琼编写，项目三、五、六及附录由梁诚编写，项目四由陈颖编写，项目七由李蔚娟编写。

　　本书建议上课学时（含实验）为 60~68，具体分配如下所示。

项目名称	任务名称	参考课时
项目一 认知网络		6
项目二 双机直连	制作双绞线	6
	双机直连	4
项目三 组建简单的局域网	使用交换机组建对等网	10 ~ 12
	网络资源共享	8 ~ 10
项目四 配置和管理网络	安装 Windows Server 2008 网络操作系统	4
	配置 Windows Server 2008 服务器	8 ~ 10
项目五 配置 Internet 接入		2
项目六 组建小型无线局域网	组建点对点无线对等网	4
	组建小型无线办公局域网	4 ~ 6
项目七 构建安全的校园网络		4
合计课时		60 ~ 68

　　本书在编写过程中，得到了交通信息工程学院领导的大力支持，学院赵一瑾院长、网络中心陈环主任全程参与编写大纲的讨论，提出宝贵意见，协调多方面关系并审阅了书稿；李剑副院长作为编写小组召集人，不仅多次召集成员开会讨论大纲，还亲自参与教材的编写。对 3 位领导的支持和付出，在此表示由衷的感谢。

　　由于作者水平有限，书中错误或不当之处在所难免，恳请广大读者谅解和批评指正。

编　者

2016 年 6 月

目 录 CONTENTS

3

项目七　构建安全的校园网络　　138

附录　VMware 虚拟机的使用　　153

参考书目　　162

PART 1

项目一
认知网络

众所周知，技术的发展可以推动社会的发展，而社会的发展又能创造出新的技术，两者相互促进、共同发展，就能推动人类历史向前发展。

计算机网络的出现和发展推动了人类的科学技术的发展，同时给人们的学习、工作和生活带来了诸多的好处，改变了人们传统的生活方式。通过计算机网络，人们可以实现网上购物和网络营销，可以和未曾谋面的陌生人交流情感，可以查询到浩如烟海的信息，可以相隔千里互通音讯，可以坐在家中接受全球各地医学专家的会诊等。网络，已经成为信息社会的重要基础，掌握网络的相关知识和技术对于我们来说至关重要。

通过本项目的学习，应达到以下目标。

知识目标

（1）了解计算机网络的概念、分类及其组成。
（2）了解数据通信的常用术语及其主要技术指标的含义。
（3）掌握基带/频带传输、串行/并行传输、同步/异步传输、单双工通信的含义。
（4）熟悉常见的网络拓扑结构类型及各自的优缺点。
（5）熟悉 OSI 参考模型的层次结构及各层的主要功能。
（6）熟悉 TCP/IP 模型的层次结构及各层的主要功能。

技能目标

（1）能够对常见网络拓扑结构的优缺点进行简要描述。
（2）能够对 OSI 参考模型的层次结构及各层的主要功能进行简要描述。
（3）能够对 TCP/IP 模型的层次结构及各层的主要功能进行简要描述。

一、项目背景描述

当今社会人们已经离不开网络了，我们在网上学习、聊天、购物、游戏等，深刻感受到网络缩短了地球的空间距离、拉近了人与人之间的关系，它改变了我们的工作方式，给我们的生活带来了极大的方便与快捷。但您仔细想过没有，计算机网络到底是什么，它是怎样把天南海北的人们连接在一起的？其中的奥秘何在？

二、相关知识

（一）计算机网络概述

1．计算机网络的定义

所谓计算机网络，就是将地理位置上分散的计算机、终端和外部设备，通过通信线路互联在一起并遵循共同的协议，从而实现信息互通和资源共享的系统。

网络中的每台计算机或终端都是完整独立的设备，既可以独立完成本地工作，也可以联网工作。计算机、终端和外部设备通过双绞线、光纤、无线电波等有线或无线介质进行连接。网络协议则是通信过程中必须遵循的统一的网络规则，是进行正确通信和信息传输的保障。共享的资源可以是硬件，也可以是软件和信息资源。

2．计算机网络的发展

计算机网络从形成、发展和广泛应用，大致经历了以下几个阶段。

（1）第一代计算机网络（面向终端的计算机通信网）

1946 年世界上第一台电子计算机 ENIAC 在美国诞生时，计算机技术与通信技术并没有直接的联系。20 世纪 50 年代初，美国为了自身的安全，在美国本土北部和加拿大境内，建立了一个半自动地面防空系统 SAGE，进行了计算机技术与通信技术相结合的尝试。20 世纪 50 年代中后期，人们利用通信线路将地理上分散的多个终端连接到一台中心计算机上，构成"主机–终端"系统，人们把这种以单个计算机为中心的联机系统称作面向终端的远程联机系统。该系统是计算机技术与通信技术相结合而形成的计算机网络的雏形，因此也被称为面向终端的计算机通信网。

（2）第二代计算机网络（自主功能的主机互联的计算机网络）

第二代计算机网络兴起于 20 世纪 60 年代后期。大型主机的出现，提出了远程资源共享的需求，人们将多个计算机通过通信线路连接起来，为用户提供服务。这些计算机都具有自主处理能力，不存在主从关系。主机之间不是直接用线路连接，而是由接口报文处理机（IMP）转接互连。当主机发送信息时，首先将信息发送给与之相连的 IMP，然后由 IMP 负责发送到对方的 IMP。第二代计算机网络的典型代表是美国的 ARPAnet（Advanced Research Projects Agency Network）。

第二代计算机网络产生了通信子网和资源子网的概念，也称为两级结构的计算机网络。资源子网由网络中的所有主机、终端、终端控制器、外设（如网络打印机、磁盘阵列等）和各种软件资源组成，负责全网的数据处理和向网络用户（工作站或终端）提供网络资源和服务。通信子网由各种通信设备和线路组成，承担资源子网的数据传输、转接和变换等通信处理工作。

（3）第三代计算机网络（遵循国际标准化协议的计算机网络）

到了 20 世纪 70 年代中期，计算机网络已经发展到一个新的阶段，各大计算机公司纷纷制定自己的网络技术标准。当时 IBM 采用 SNA 网络体系结构，而 DEC 采用 DNA 数字网络体系结构，这两种体系结构存在较大差异，无法实现网络之间的互联。这种现象使得用户无所适从，也不利于厂家之间的公平竞争，限制了计算机网络的发展。

20 世纪 80 年代，国际标准化组织 ISO 制定并颁布了"开放式系统互联参考模型"（Open System Interconnection/Reference Model，OSI/RM），为网络之间的互联提供了可能，所有的通信设备、软件、协议都遵循 OSI 参考模型。OSI 参考模型使计算机网络具有统一的网络体系结构，厂商只要按照共同认可的国际标准开发自己的网络产品，就可保证不同厂商的产品可以在同一个网络中互联并进行通信。

OSI 参考模型的出现标志着第三代计算机网络的诞生，它使计算机网络形成了统一的体系结构。通过这种网络分层结构，简化了网络通信原理，奠定了局域网技术的基础，对网络技术的发展有着极其重要的影响。

目前，存在着两种占据主导地位的网络体系结构：一种是 ISO 提出的 OSI 参考模型；另一种是 Internet 所使用的事实上的工业标准 TCP/IP 模型。

（4）第四代计算机网络（互联、高速和智能化的网络）

20 世纪 80 年代末，计算机技术、局域网技术、光通信技术等得到了较大发展，对以 Internet 为代表的计算机网络提供了有力的支持，这就是直至现在仍在继续发展的第四代计算机网络。

目前，Internet 已经走进了千家万户，实现了全球范围内的电子邮件、WWW、文件传输和图像、视频等数据服务。信息综合化、传输高速化是第四代计算机网络的重要特点。随着网络规模的增大与网络服务功能的增多，各国正在开展智能网络的研究，以提高通信网络开发业务的能力，并更加合理地进行各种网络业务的管理，真正以分布和开放的形式向用户提供服务。

3．计算机网络的分类

计算机网络可以按照覆盖范围、交换方式、拓扑结构、传输介质等的不同进行分类。

（1）按照网络覆盖范围分类

从网络节点分布的地域范围和规模来看，可以将计算机网络分为局域网（Local Area Network，LAN）、城域网（Metropolitan Area Network，MAN）、广域网（Wide Area Network，WAN）。

① 局域网（LAN）

局域网是指将有限范围内（如一个办公室、一幢大楼、一个校园）的各种计算机、终端与外部设备等互相联接起来组成的计算机网络。局域网通常由一个单位或组织自行建设和拥有，覆盖范围从几米到几公里不等。局域网地理覆盖范围较小、数据传输速率高、通信延迟时间短、可靠性较高、扩展性强。

IEEE 802 标准委员会定义的局域网有：以太网（Ethernet）、令牌环网（Token Ring）、光纤分布式接口网络（FDDI）、异步传输模式网（ATM）以及无线局域网（WLAN）等。

② 城域网（MAN）

城域网在地理范围上可以说是局域网的延伸，地理范围可从几十公里到上百公里，可以覆盖一个城市或地区。一个城域网通常连接着多个局域网，如连接政府机构、医院、电信、公司企业的局域网等。由于光纤线路的引入，使得城域网中高速的局域网互连成为可能。

③ 广域网（WAN）

广域网是指由远距离的计算机互连组成的网络，它的分布范围很广，所覆盖的地理范围从几十公里到几千公里，甚至跨越国界、洲界，遍及全球，形成国际性的远程网络。国际互联网（Internet）就是一种典型的广域网。

广域网覆盖范围广、通信距离远，可提供不同城市、地区和国家之间的计算机网络通信。它通常使用光纤作为传输介质，一般由电信部门或专门的公司负责组建、管理和维护，并向全社会提供有偿通信服务。广域网的特点是数据传输慢、延迟比较大、拓扑结构不灵活，网络连接一般要依赖运营商提供的电信数据网络。

（2）按照网络的交换方式分类

按照网络的交换方式，可以将计算机网络分为电路交换网络、报文交换网络和分组交换网络。

（3）按照网络的拓扑结构分类

按照网络的拓扑结构可以将计算机网络分为星型网络、总线型网络、环型网络、树型网络、网状网络、混合型网络等。

（4）按照传输介质分类

按照传输介质可以将计算机网络分为有线网络和无线网络两类。有线网络一般采用同轴电缆、双绞线和光纤等作为传输介质，无线网络采用空气作为传输介质，依靠电磁波和红外线等作为载体来传输数据。

4．计算机网络的组成

计算机网络是由计算机（或其他终端设备）、网络设备通过传输介质连接在一起组成的网络。从逻辑上讲，计算机网络由通信子网和资源子网两部分组成；从硬件上讲，计算机网络由网络硬件和网络软件组成。

（1）通信子网和资源子网

把计算机网络中实现网络通信功能的设备及其软件的集合称为网络的通信子网，而把网络中实现资源共享功能的设备及其软件的集合称为资源子网，如图1-1所示。

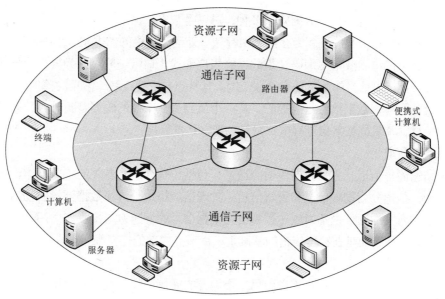

图 1-1　通信子网和资源子网

通信子网是网络的内层，负责信息的传输，主要为用户提供数据的传输、转接、加工、变换等通信处理工作，包括通信线路（即传输介质）、网络连接设备、网络通信协议、通信控制软件等。

资源子网负责网络的信息处理，为用户提供网络服务和资源共享功能等，其包括用户计算机、网络存储系统、网络打印机、网络终端、服务器和网络上运行的各种软件资源、数据资源等。

（2）网络硬件

网络硬件包括网络服务器、网络工作站、网络互联设备和传输介质等。

（3）网络软件

网络软件主要包括网络操作系统、网络协议、通信软件以及管理和服务软件等。

（二）数据通信基础

1．数据通信的基本概念

数据通信是通信技术和计算机技术相结合而产生的一种新的通信方式。所谓数据通信，是指通过数据电路将分布在远程的数据终端设备与计算机系统连接起来，实现数据传输、交换、存储和处理的系统。数据通信传递的信息均以二进制数据的形式来表现。

2．数据通信的常用术语

（1）信息、数据和信号

信息是对客观世界中各种事物的运动状态和变化的反映，是客观事物之间相互联系和相互作用的表征，表现的是客观事物运动状态和变化的实质内容。

数据是传递信息的实体。数据有很多种，可以是数字、文字、图像、声音等。在计算机网络中，数据通常被广义的理解为在网络中存储、处理和传输的二进制数字编码。

信号是数据的电子或电磁编码，是数据的表现形式。信号一般可分为模拟信号和数字信号。模拟信号是指电信号的参量是连续取值的，其特点是幅度连续，常见的模拟信号有电话、传真和电视信号等。数字信号是离散的，从一个值到另一个值的改变是瞬时的，就像开启和关闭电源一样，常见的数字信号有电报符号、数字数据等。

（2）通信信道

通信信道简称信道，它是数据传输的通道，包括传输介质及有关的中间通信设备。在计算机网络中，信道分为物理信道和逻辑信道。物理信道指用于传输数据信号的物理通路，它由传输介质和有关的通信设备组成。逻辑信道是指信号的发送方与接收方之间并不存在一条物理上的传输介质，而是在物理信道的基础上，由节点内部的连接来实现。

（3）数据传输

数据传输是数据从一个地方传送到另一个地方的通信过程。数据传输信道可以是一条专用的通信信道，也可以由数据交换网、电话交换网或其他类型的交换网络来提供。

（4）多路复用

多路复用就是在一个物理信道中利用特殊技术传输多路信号，即在一个物理信道中产生多个逻辑信道，每个逻辑信道传送一路信息。目前常用的复用技术有频分多路复用、时分多路复用、码分多路复用和波分多路复用技术等。

3．数据通信的主要技术指标

（1）传输速率

数据传输速率是单位时间内传送的比特数，用于描述数字信道的传输能力。在计算机网络中，一般使用每秒位数（bit/s）作为数据传输速率的计量单位，主要单位有 kbit/s、Mbit/s、Gbit/s 等。

（2）信道带宽

信道带宽是指信道中传输的信号在不失真的情况下所占据的频率范围，是信道频率上界与下界之差，即信道的通频带，是介质传输能力的度量，其单位用赫兹（Hz）表示。信道带宽是由信道的物理特性所决定的。

（3）信道容量

单位时间内信道上所能传输的最大的信息量称为信道容量，用比特率表示，单位是 bit/s。通常信道容量和信道带宽具有正比关系，带宽越大，容量越大。要提高信号的传输率，信道就要有足够的带宽，因此也常用信道带宽来表示信道容量。

（4）误码率

由于种种原因，数字信号在传输过程中不可避免地会产生差错。在一定时间内收到的数字信号中发生差错的比特数与同一时间所收到的数字信号的总比特数之比，就叫作"误码率"。误码率是衡量系统可靠性的指标，通常应低于 10^{-6}。

（5）吞吐量

吞吐量在数值上表示网络或交换设备在单位时间内成功传输或交换的信息总量，单位为bit/s。

（6）延迟

数据的延迟又称时延，它表示数据从一个网络节点传送到另一个网络节点所需要的时间。网络中产生延迟的因素很多，既受网络设备的影响，也受传输介质、网络协议标准的影响；既受硬件制约，也受软件制约。延迟是不可能完全消除的。

4. 数据传输的基本形式

通信网络中的数据传输根据使用的不同频带可以分为两种基本形式：基带传输和频带传输（或宽带传输）。

（1）基带传输

在数据通信中，计算机或终端等数字设备发出的信号是二进制的比特序列的数字数据信号，是典型的矩形脉冲信号（或称方波信号），它用高、低电平来分别表示二进制数"1"和"0"。人们把矩形脉冲信号的固有频带称为基本频带，简称基带。而这种矩形脉冲信号被称为基带信号。

基带传输是指在数字信道上直接传送数字基带信号的传输方式，它使用数字信号的原有波形，不需要调制解调转换，数字脉冲信号经编码后直接在信道上传输。基带传输是一种最简单最基本的传输方式，它的信道资源利用率比较低，整个信道只能传输一路信号。基带传输具有速率高和误码率低的优点，它适用于较小范围内的数据传输，大多数的局域网使用基带传输，如以太网、令牌环网。

在基带传输中，需要对数字信号进行编码来表示数据，常用的数据编码方式有三种：不归零（Non-Return to Zero）编码、曼彻斯特（Manchester）编码和差分曼彻斯特（Differential Manchester）编码。

（2）频带传输

基带传输只适用于短距离的数据传输，若要远距离通信，数字基带信号可以转换成模拟信号，所谓的频带传输即数字信号模拟传输。频带传输首先将数字信号变换（调制）成便于在模拟信道中传输的、具有较高频率范围的模拟信号（称为频带信号），再将这种频带信号在模拟信道中传输。频带传输中最典型的通信设备是调制解调器（Modem），它的作用是在发送端将数字信号转换成可以在电话线上传输的模拟信号，在接收端再将模拟信号转换成数字信号。频带传输不仅解决了长途电话线路不能传输数字信号的问题，而且能够实现多路复用，从而提高了信道利用率。频带传输的缺点是速率低、误码率高。

数字数据到模拟信号的调制有三种基本方法：频移键控法（Frequency-Shift Keying，FSK）、幅移键控法（Amplitude-Shift Keying，ASK）和相移键控法（Phase-Shift Keying，PSK）。

（3）宽带传输

宽带传输也是一种频带传输技术。所谓宽带，就是比音频带宽更宽的频带，它包括大部分电磁波频谱。宽带传输将一个宽带信道划分为多条逻辑基带信道，每个逻辑信道可以携带不同的信号，从而实现把声音、图像和数据信息综合在一个物理信道中同时传输，因此信道的容量大大增加。总之，宽带传输一定是采用频带传输技术的，但频带传输不一定就是宽带传输。

5．数据传输方式

数据通信的传输方式有不同的分类方法：根据每次传送的数据位数，可分为并行传输和串行传输；根据数据的传输方向可分为单工通信、半双工通信和全双工通信；根据使用的数据同步方法，可分为同步传输和异步传输。

（1）并行传输和串行传输

① 并行传输

如果一组数据的各数据位在多条线上同时被传输，这种传输方式称为并行传输或并行通信，如图 1-2 所示。并行传输需要多条数据通道，可在两个设备之间同时传输多个数据位。一个编码的字符通常由若干位二进制数表示，如用 ASCII 码编码的符号是由 8 位二进制数表示的，并行传输 ASCII 编码符号就需要 8 个传输信道，使表示一个符号的所有数据位能沿着各自的信道同时传输。并行传输速度快、效率高，一次可以传一个字符（8 个二进制位），但是它需要多个物理通道，成本较高，所以并行传输只适合于近距离的数据传输。

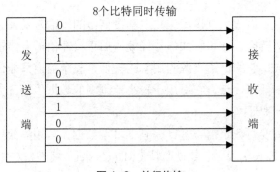

图 1-2　并行传输

② 串行传输

串行传输（或称串行通信）是指用一条数据线传输比特流（二进制位），一次只传输一个比特，如图 1-3 所示。串行传输时，发送端和接收端之间只有一条通信信道，数据是依次逐位在线路上传输的，发送端将并行数据经并/串转换后组成按序传送的数据流，再逐位经通信线路到达接收站的设备中，并在接收端再经串/并转换还原成并行数据进行处理。串行传输效率低、速度慢，但它节约线路资源、成本低，适合远距离数据通信，可利用现有的公用电话线路实现数据传输。串行传输是目前数据传输的主要方式，在计算机网络中被广泛使用。

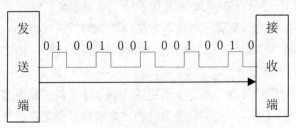

图 1-3　串行传输

（2）单工、半双工和全双工通信

① 单工通信：指数据只能向一个方向传送，任何时候都不能改变数据的传送方向，数据总是从发送端传送到接收端，如图 1-4（a）所示。

② 半双工通信：指数据可以双向传送，但是必须交替进行，某个时刻只能向一个方向传送。也就是说，通信双方都可以发送或接收数据，但只能轮流工作而不能同时发送或接收信息，如图 1-4（b）所示。

③ 全双工通信：指数据同时在两个方向上传送，通信双方能够同时发送和接收信息。要实现全双工通信，通信双方都需要具备发送装置和接收装置，并且需要两条信道，如图 1-4（c）所示。

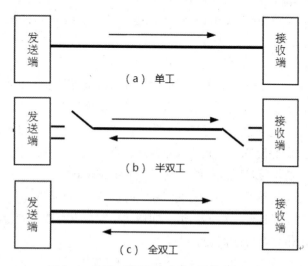

图 1-4　单工、半双工和全双工通信示意图

（3）同步传输和异步传输

目前，计算机网络中常采用同步传输和异步传输两种方式来实现数据传输。发送端和接收端的时钟是独立的还是同步的，是异步传输与同步传输方式的根本区别。若发送端和接收端的时钟是同步的，则称之为同步传输；若发送端和接收端的时钟是独立的，则称之为异步传输。

① 同步传输

同步传输的通信双方必须先建立同步，即双方的时钟要调整到同一频率，然后收发双方不停地发送和接收连续的比特流。同步传输是以许多字符或许多比特组成的数据块为传输单元，这些数据块被称作帧。由发送器或接收器提供专用于同步的时钟信号，在帧的起始处同步，在帧内维持固定的时钟。在计算机网络中，常将时钟同步信号混入数据信号帧中，以实现接收器与发送器的同步。同步传输能更好地利用信道，传输效率高，但实现技术复杂、成本较高。

同步传输有两种方式：一种是面向字符的同步传输，另一种是面向比特的同步传输。

② 异步传输

异步传输的发送器和接收器具有相互独立的时钟（频率相差不能太多），并且两者中任一方都不向对方提供时钟同步信号。异步传输以字符为独立的信息传输单位。在每个字符的起始处开始对字符内的比特实现同步，但字符与字符之间的时间间隔是不固定的，也就是字符之间是异步传输的。因发送端可以在任意时刻开始发送字符，所以必须在每一个字符的开始和结束的地方加上标志，即加上起始位和停止位，以便使接收端能够正确地将每一个字符接收下来。

异步传输方式容易实现、成本低，但因为每个字符的传输都要添加起始位和停止位等冗余位，故传输效率较低、信道利用率低，一般适用于低速通信的场合。

6. 数据交换技术

从通信资源的分配角度来看，"交换"就是按照某种方式动态地分配传输线路的资源。常用的数据交换技术有电路交换（Circurt Switching）、报文交换（Message Switching）和分组交换（Packet Switching）。

（1）电路交换技术

电路交换最早出现在电话系统中，早期的计算机网络就是采用这种技术来传输数据的。电路交换与拨打电话的原理类似，当要发送数据时，交换机在发送端和接收端之间创建一条独占的数据传送通道，这条通道可能是一条物理通道，也可能是经过多路复用得到的逻辑通道。这条通道具有固定的带宽，由通信双方独占，直到数据传输结束后才被释放。电路交换通常包括线路建立、数据传输以及线路拆除三个主要的通信阶段。

电路交换的优点是传输延时小，数据传输实时性好；而其缺点在于初始连接建立慢，网络资源利用率低。对于已经建立好的信道，即使通信双方没有数据要传输，也不能为其他用户所使用，从而造成带宽资源的浪费。

电路交换技术适用于高质量、信息量大的固定用户间的通信。但由于计算机通信具有频繁、快速、小量、流量峰谷差距大、多点通信等特点，电路交换并不适用于大规模的计算机网络中的终端直接通信。

（2）报文交换技术

报文交换是以报文为单位来转发和接收信息的，它属于存储-转发交换方式，当发送端的报文到达交换机时，先将报文存储在交换机的存储器中，当所需要的传输线路空闲时，再将该报文发往下一站。

在报文交换中，由于报文是经过存储的，因此通信就不是实时的。报文交换不需要建立专门的信道，因此线路利用率高、传输效率高、灵活性强，缺点是传输延迟大，不能满足实时和交互式通信的要求，它比较适用于公众电报和电子信箱业务。

（3）分组交换技术

分组交换将需要传输的信息划分为具有一定长度的分组（Packet，也称为包），以分组为单位进行存储转发。分组交换采用动态复用的技术来传输各个分组，它能保证任何用户都不能长时间独占传输线路，因而它可以较充分的利用信道带宽，提高了线路的利用率，因而成为计算机网络采用的主要数据交换技术。但在分组交换技术中，数据要被分割成一个个小的分组分别传输，因而传输延迟大、实时性差，设备功能复杂并要具有较强的处理能力。

（三）网络拓扑结构

计算机网络的拓扑结构是指网络中通信线路互联各种设备（网络设备、计算机或其他终端）的物理布局。常见的计算机网络拓扑结构有总线型拓扑、星型拓扑、环型拓扑、树型拓扑、网状拓扑等。

1. 总线型拓扑

在总线型拓扑结构中，所有节点由一条共用的信息传输通道（称为总线）连接起来，节点间的通信都通过同一条总线来完成，如图 1-5 所示。总线型拓扑结构简单、成本低、安装使用方便，某个节点的故障一般不会影响整个网络，但总线发生故障会导致整个网络瘫痪，故障诊断和隔离比较困难。由于共享总线带宽，当网络中的节点数比较多时，会导致网络性能急剧下降。

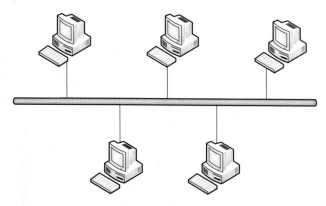

图 1-5　总线型拓扑

2. 星型拓扑

星型拓扑是当前局域网中应用最广泛的一种结构，它由一个中央节点（如交换机）和若干个从节点（计算机或其他终端）组成，如图 1-6 所示。中央节点可以与任意一个从节点直接通信，但从节点之间的通信必须经过中央节点转发。

星型拓扑的特点是结构简单，配置灵活，扩展性好，便于集中管理，当某一线路发生故障时，不会影响其他节点的通信。其缺点在于网络的可靠性完全依赖于中央节点，中央节点一旦出现故障将导致整个网络瘫痪。

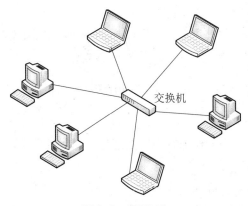

图 1-6　星型拓扑

3．环型拓扑

环型拓扑结构是将各节点通过一条首尾相连的通信线路连接起来形成一个闭合环路，如图 1-7 所示。在这种结构中，每一个节点只能和它的一个或两个相邻节点直接通信，如果需要与其他节点通信，信息必须依次经过两者之间的每一个设备。环形拓扑可以是单向的，也可以是双向的。环形拓扑的结构简单、建网容易、传输时延确定、实时性较好。其缺点是环路封闭，节点扩充不便；任一节点发生故障会导致全网瘫痪，故障定位比较困难。

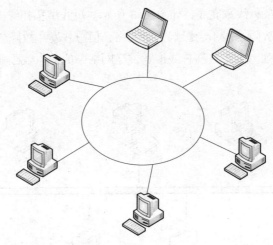

图 1-7　环型拓扑

4．树型拓扑

树型拓扑像一棵倒置的树，顶端是树根，树根以下是分支，每个分支还可以有子分支，如图 1-8 所示。树型拓扑的优点是易于扩展、故障隔离比较容易；缺点是各个节点对根节点的依赖性很大，如果根节点发生故障，整个网络将无法正常工作。

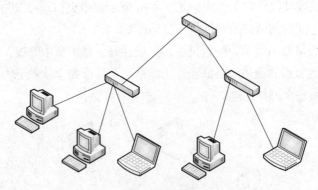

图 1-8　树型拓扑

5．网状拓扑

在网状拓扑结构中，每个节点都有多条线路与其他节点相连，这样使得节点之间存在多条路径可选，可以为数据流选择最佳路径，从而避开拥堵或故障线路，如图 1-9 所示。网状拓扑可靠性高，但结构复杂、成本高，不易管理和维护，所以在实际应用中常常采用部分网状拓扑代替全网状拓扑，即在重要节点间采用全网状结构，而非重要节点间则省略一些连接。

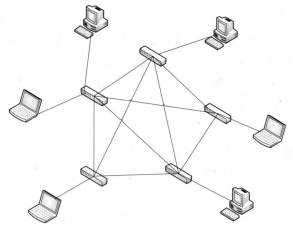

图 1-9　网状拓扑

（四）OSI 参考模型

在网络发展的早期时代，各个网络厂商均按照自己的标准生产网络设备，导致不同厂家的设备不能互相兼容，也不能互相通信。为了解决这一问题，20 世纪 80 年代，国际标准化组织（ International Standards Organization，ISO ）制定并颁布了"开放式系统互联参考模型"（ Open System Interconnection/Reference Model，OSI/RM ），并很快成为计算机网络通信的基础模型，极大地促进了网络通信的发展。

OSI 参考模型采用层次化的结构模型，以实现网络的分层设计，从而将庞大而复杂的问题分解成若干较小且易于处理的子问题。OSI 参考模型将网络自下而上分为七层，分别是物理层、数据链路层、网络层、传输层、会话层、表示层、应用层，如图 1-10 所示。各层的主要功能分别介绍如下。

图 1-10　OSI 参考模型

（1）物理层

物理层是 OSI 参考模型的最底层，其功能是在终端设备之间传输原始的比特流。物理层的数据单位称为比特（bit）。

物理层并不是指物理设备或物理介质，而是定义有关物理设备通过物理介质进行互联的描述和规定。物理层定义了传输介质的机械、电气、功能和规程特性，包括电压、接口、线缆标准和传输距离等。

常见的物理层传输介质包括同轴电缆、双绞线、光纤和无线电波等。典型的局域网物理层设备有中继器和集线器。而调制解调器则属于广域网物理层设备。

（2）数据链路层

数据链路层是 OSI 参考模型的第二层，其功能是在特定的传输介质或链路上传递数据。数据链路层负责链路的建立与拆除，并在传输过程中提供地址寻址、差错校验和流量控制等机制，将不可靠的物理链路改造成无差错的数据链路。数据链路层的数据单位称为"帧"（Frame）。

为了在对网络层协议提供统一接口的同时对下层的各种介质进行管理控制，局域网的数据链路层又被划分为逻辑链路控制（Logic Link Control，LLC）子层和介质访问控制（Media Access Control，MAC）子层。

数据链路层的典型设备是以太网交换机。

（3）网络层

网络层是 OSI 参考模型中的第三层，它的任务是选择合适的路径并转发数据包，使数据包能够正确地从发送端传递到接收端。网络层的数据单位称为"包"（Packet）。网络层可以实现异种网络的互联，其主要功能包括：编址、路由选择和拥塞控制等。

网络层的典型设备是路由器和三层交换机。

（4）传输层

传输层也称之为运输层，其功能是为会话层提供无差错的传输链路，保证两台设备间传递信息的正确无误。传输层的数据单位称为"段"（Segment）。

传输层负责分段上层数据、建立主机之间的端到端的通信连接并提供可靠或不可靠的数据传输。它的功能主要包括：流量控制、多路复用、差错校验和数据重传等。传输层的主要协议包括 TCP（传输控制协议）和 UDP（用户数据报协议）。

（5）会话层、表示层、应用层

会话层、表示层、应用层属于 OSI 参考模型的高层，它们向应用程序提供各种服务。

会话层也称为对话层，它建立和维持主机之间的会话关系，并保持会话过程的畅通，决定通信是否被中断以及下次通信从何开始。当然，会话层也提供差错恢复以及通信重建等功能。会话层不参与具体的数据传输，主要协调端到端通信时的服务请求和应答。

表示层负责定义应用层数据的格式与结构，以便对端设备能够正确识别和理解。表示层还负责数据的加密/解密、压缩/解压、格式转换等。

应用层是 OSI 模型的最高层，它直接与用户和应用程序打交道，负责为操作系统或应用程序提供访问网络的接口。需要强调的是，应用层并不等同于一个应用程序。

（五）TCP/IP 模型

OSI 参考模型为网络的兼容与互联互通提供了统一标准，但该模型过于复杂，难以完全实现，再加上 OSI 参考模型提出来时，TCP/IP 协议已经占据主导地位，因此到现在也没有一个完全遵循 OSI 参考模型的协议族流行开来。

TCP/IP 模型起源于美国国防部 20 世纪 60 年代的 ARPAnet 研究项目，现在已发展成为计算机之间最常用的网络协议，成为 Internet 的事实标准。TCP/IP 模型得名于协议族中的两个最重要的协议：传输控制协议（Transmission Control Protocol，TCP）和网际协议（Internet Protocol，IP）。

TCP/IP 模型与 OSI 参考模型一样，也采用层次化结构，每一层负责不同的通信功能，但 TCP/IP 模型只有四层，包括应用层、传输层、网络层和网络接口层。TCP/IP 模型与 OSI 参考模型各层之间的大致对应关系如下图 1-11 所示。各层的主要功能简述如下。

（1）网络接口层

网络接口层大致对应 OSI 参考模型的物理层和数据链路层，它定义了主机如何连接到网络，负责处理与传输介质相关的细节，并为上层提供统一的网络接口。网络接口层包括以太网、FDDI（光纤分布式数据接口）和令牌环等局域网技术以及 HDLC（高级数据链路控制）、PPP（点对点协议）等广域网技术。

图 1-11 OSI 参考模型与 TCP/IP 模型的对应关系

（2）网络层

TCP/IP 模型的网络层对应 OSI 参考模型中的网络层。网络层的主要功能是进行网络互联和路由，将数据包正确地传送到目的地。网络层的协议主要包括：IP、ICMP（互联网控制消息协议）、IGMP（互联网组管理协议）以及 ARP（地址解析协议），其中 IP 是这一层最核心的协议。

（3）传输层

TCP/IP 模型的传输层对应 OSI 参考模型中的传输层，它提供了主机之间端到端的数据传输。为保证传输的可靠性，传输层提供了确认应答、流量控制、错误校验和排序等功能。传输层主要包括两个协议：TCP 和 UDP。

TCP 是一种面向连接的、端到端的可靠的传输层协议，它通过三次握手、完整性校验、确认应答、序列号、流量控制等机制来支持在不可靠网络上实现可靠的数据传输。它主要用于对传输可靠性要求比较高的应用，如 FTP（文件传输协议）、Telnet（远程登录）、E-mail 等。

UDP 是一种无连接的、不可靠的传输协议，它没有确认应答、排序、拥塞控制等机制，但系统开销较小，主要用于在相对可靠的网络上的数据传输，或用于对延迟敏感的应用，如传输语音和视频等。

（4）应用层

TCP/IP 模型的应用层对应 OSI 参考模型中的会话层、表示层和应用层。应用层提供接口向应用程序提供各种网络服务。应用层的协议包括 FTP、TFTP（简单文件传输协议）、HTTP（超文本传输协议）、SMTP（简单邮件传输协议）、SNMP（简单网络管理协议）等。

三、项目实施

参观学校网络中心、网络实训室和综合布线实训室，听取老师的讲解，了解校园网的拓扑结构和网络的基本组成，认识相关网络设备，熟悉常见的网络传输介质。

思考与练习

一、单选题

1. OSI 参考模型从上往下分为哪几层？（　　　）

A. 应用层、会话层、表示层、传输层、网络层、数据链路层、物理层

B. 应用层、表示层、会话层、网络层、传输层、数据链路层、物理层

C. 应用层、表示层、会话层、传输层、网络层、数据链路层、物理层

D. 应用层、表示层、会话层、传输层、网络层、物理层、数据链路层

2. 在 OSI 参考模型中，以下哪一项是网络层的功能？（　　　）

A. 将数据分段　　　　　　　　　B. 确定数据包如何转发

C. 在信道上传送比特流　　　　　D. 建立主机之间的端到端连接

3. 在 OSI 参考模型中，哪一层实现对数据的加密？（　　　）

A. 传输层　　　　B. 表示层　　　　C. 会话层　　　　D. 网络层

4. 以下哪种设备工作在 OSI 参考模型的数据链路层？（　　　）

A. 路由器　　　　B. 交换机　　　　C. 集线器　　　　D. 调制解调器

5. 调制解调器（Modem）属于 OSI 参考模型哪一层的设备？（　　　）

A. 物理层　　　　B. 数据链路层　　　C. 网络层　　　　D. 传输层

6. 当前局域网中最常见的网络拓扑结构是以下哪一种？（　　）

A. 总线型拓扑　　　B. 星型拓扑　　　　C. 环型拓扑　　　　D. 树型拓扑

二、多选题

1. 数据交换技术包括以下哪几种？（　　）

A. 电路交换　　　　B. 报文交换　　　　C. 文件交换　　　　D. 分组交换

2. 传输层的主要协议包括以下哪两种？（　　）

A. TCP　　　　　　B. IP　　　　　　　C. ICMP　　　　　D. UDP

3. 网络层的典型设备有哪些？（　　）

A. 路由器　　　　　B. 集线器　　　　　C. 交换机　　　　　D. 三层交换机

4. TCP/IP 模型的网络接口层对应 OSI 参考模型的哪几层？（　　）

A. 物理层　　　　　B. 数据链路层　　　C. 网络层　　　　　D. 传输层

5. TCP/IP 模型的应用层对应 OSI 参考模型的哪几层？（　　）

A. 应用层　　　　　B. 传输层　　　　　C. 网络层　　　　　D. 会话层

E. 表示层　　　　　F. 数据链路层

三、简答题

1. 计算机网络按照覆盖范围可分为哪几种？各有何特点？

2. 常见的网络拓扑结构有哪些？各有何优缺点？

3. OSI 参考模型分为哪七层？各层的主要功能是什么？

PART 2

项目二
双机直连

构建计算机网络可以达到数据交换和资源共享的目的，为此需要通过线缆将计算机和各种网络设备连接起来，但是当计算机网络很小，小到网络中只有两台计算机时，可以省略中间转发数据的网络设备，直接使用线缆进行连接，这称为双机直连或双机互联，它是最简单的计算机网络。

通过本项目的学习，应达到以下目标。

知识目标

（1）熟悉各种传输介质的特点及其应用范围。
（2）熟悉网络测试的基本命令。
（3）掌握双绞线的制作方法。
（4）掌握双机直连的设置和实现方法。

技能目标

（1）能够制作直通和交叉双绞线。
（2）能够使用交叉双绞线实现双机直连并互相访问。

任务一 制作双绞线

一、任务背景描述

你在单位有两台计算机，一台是台式计算机，另一台为笔记本电脑，你经常需要在两台计算机之间传输和共享文件。考虑到单位有制作网线的基本工具和现成材料，你打算制作一条交叉双绞线用来连接两台计算机。

二、相关知识

网络传输介质分为有线和无线两类。常用的有线传输介质包括同轴电缆、双绞线和光纤，同轴电缆和双绞线传输的是电信号，光纤传输的是光信号。无线传输介质通常包括红外线、微波、蓝牙和无线电波。

1. 有线传输介质

（1）同轴电缆

同轴电缆（Coaxial Cable）共由四层组成：以单根铜导线为内芯，外裹一层绝缘材料作为绝缘层，绝缘层外覆网状金属网作为屏蔽层，最外面是塑料保护层，如图 2-1 所示。因中心铜线和金属屏蔽层排列在同一轴线上，故称为"同轴"。屏蔽层能将传输过程中导线上产生的磁场反射回中心导体，同时也避免导线受到外界的干扰，同轴电缆的这种结构使得其具有抗干扰能力强、频带宽、质量稳定、可靠性高等特点，是早期以太网普遍采用的传输介质。

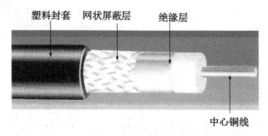

图 2-1 同轴电缆

同轴电缆分为两种：一种为宽带同轴电缆（即视频同轴电缆），特征阻抗为 75Ω，用于模拟信号的传输，它是有线电视系统 CATV 使用的标准传输电缆；另一种为基带同轴电缆（即网络同轴电缆），特征阻抗为 50Ω，用于数字信号的传输。基带同轴电缆根据直径大小又可以分为粗同轴电缆（粗缆）和细同轴电缆（细缆）。

粗缆的直径为 1.27cm，单根最大传输距离为 500m，最多可接 100 台计算机，两台计算机的最小间距为 2.5m。由于粗缆直径较粗、强度较大，它不适合在室内狭窄的环境内铺设，主要用作网络的主干线路，用来连接数个由细缆所组成的网络。粗缆使用时需要一个外接收发器和收发器电缆，所以安装难度大，总体造价高。

细缆的直径为 0.26cm，单根最大传输距离为 185m，最多可接 30 台计算机，计算机之间的最小间距为 0.5m。细缆安装比较简单，造价较低，但由于较长线缆需要在打算连接计算机的位置切断后装上 BNC 接头，再分别接到 T 型连接器的两端，所以接头容易产生不良隐患，影响网络系统的可靠性。细缆适用于终端设备较为集中的小型以太网络。

无论是粗缆还是细缆，其拓扑结构均为总线型，即一根电缆上连接多台计算机，这种结构易产生单点故障，某一台计算机发生故障会串联影响到整条电缆上的所有计算机，故障的诊断和修复比较麻烦。

虽然同轴电缆的电路特性比较好，但由于其造价较高，且在网络安装、维护等方面比较困难，难以满足当前结构化布线系统的要求，因而在当今的局域网内同轴电缆逐渐退出舞台，被双绞线和光缆所取代。

（2）双绞线

双绞线（Twisted Pair）是当今局域网使用最广泛的有线传输介质，它由两条相互绝缘的铜导线彼此缠绕而成，故称为"双绞线"。两根线绞合在一起可以降低信号干扰的程度，一条导线在传输过程中辐射出的电磁波会被另一条导线发出的电磁波所抵消。如果把一对或多对双绞线放在一个保护套管中便构成了双绞线电缆，而现行的用于数据通信的双绞线电缆一般由 4 个双绞线对组成，每对双绞线均由不同的颜色标示。

双绞线可分为屏蔽双绞线（Shielded Twisted Pair，STP）与非屏蔽双绞线（Unshielded Twisted Pair，UTP），如图 2-2 和图 2-3 所示。

图 2-2　屏蔽双绞线电缆　　　　　图 2-3　非屏蔽双绞线电缆

屏蔽双绞线在铜导线与外层保护套管之间有一个金属屏蔽层，屏蔽层可减少辐射，防止信息被窃听，也可阻止外部电磁干扰，这使得屏蔽双绞线比非屏蔽双绞线具有更高的传输速率，但屏蔽双绞线的价格相对较高，安装也比较麻烦。非屏蔽双绞线没有屏蔽层，抗干扰和保密性不及屏蔽双绞线，但其直径小、成本低、重量轻、易弯曲、易安装，因此在计算机网络系统中，非屏蔽双绞线得到了广泛应用。

双绞线按其电气特性可分为七类，目前在计算机网络中常用的是五类（CAT5）、超五类（CAT5e）及六类（CAT6）双绞线。五类 UTP 支持传输速率为 100Mbit/s 的快速以太网，超五类 UTP 既支持 100Mbit/s 的快速以太网，也支持 1000Mbit/s 的千兆以太网，而六类 UTP 支持传输速率高于 1Gbit/s 的以太网。

双绞线一般用于星型拓扑结构，单根双绞线的最大传输距离为 100m。如果要加大网络的范围，可在两根双绞线之间安装中继设备（一般为交换机），但最多只可以安装 4 个中继设备，使网络的覆盖范围达到 500m。

使用双绞线连接计算机或网络时，双绞线的两端均需要一个 RJ-45 插头（俗称水晶头）或插座，如图 2-4 和图 2-5 所示。

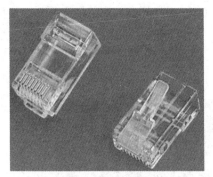

图 2-4　RJ-45 插头（水晶头）

图 2-5　RJ-45 插座

双绞线与其他传输介质相比，在传输距离、信道宽度和数据传输速度等方面均受到一定的限制，但因其价格低廉、施工方便，故成为局域网中首选的传输介质。

（3）光纤

光纤（Optical Fiber）是光导纤维的简写，是一种利用光在玻璃或塑料纤维中的全反射原理而制成的光传导介质。光纤由叠成同心圆的三个部分组成：内层为高折射率的玻璃纤芯，中间为低折射率的玻璃包层，外层为加强用的树脂涂层，如图 2-6 所示。光纤柔软纤细，容易断裂，所以多数光纤在使用前必须由几层保护结构包覆，包覆后的缆线即被称为光缆。光缆一般是由缆芯、加强钢丝、填充物和护套等几部分组成，另外根据需要还有防水层、缓冲层、绝缘金属导线等构件，如图 2-7 所示。

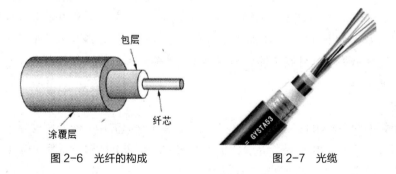

图 2-6　光纤的构成

图 2-7　光缆

根据使用的光源和传输模式，光纤可以分为单模光纤和多模光纤，如图 2-8 所示。

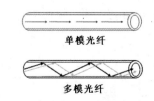

图 2-8　单模光纤与多模光纤示意图

单模光纤的芯径很细（一般为 8～10μm），只能传输一种模式的光，光线以直线形状沿纤芯中心轴线方向传播，因其损耗小，离散也很小，传播的距离较远。单模光纤采用昂贵的固体激光器作为光源体，故单模光纤比多模光纤的成本高。单模光纤支持超过 5000m 的传输距离，适用于长距离、大容量的通信系统。

多模光纤的纤芯直径为 50～100μm，允许多种模式的光在同一根光纤上同时传输，它的芯径较粗，光源体为低廉的发光二极管（LED），因此其成本比单模光纤低。多模光纤的传输距离较近，最长可支持 2000m 的传输距离，只适用于中短距离和小容量的通信系统。

光纤需要通过光纤接头（光纤连接器）才能连接到设备上，光纤接头的种类较多，常见的有 ST 型、FC 型、SC 型等，如图 2-9 所示。

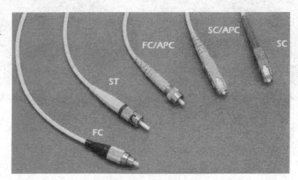

图 2-9　光纤接头

与其他铜质电缆相比，光纤的频带宽、容量大、损耗低、重量轻、抗干扰能力强、传输质量好、保密性能强，是目前计算机网络中最理想的传输介质，当然其成本也更高。

2．无线传输介质

（1）红外线

红外线是不可见太阳光线中的一种，又称为红外热辐射。红外线的波长大于可见光线，波长为 0.75～1000μm。红外线通信有两个突出的优点：不易被人发现和截获，保密性强；几乎不会受到电气及人为干扰，抗干扰性强。此外，红外线通信设备的体积小，重量轻，结构简单，价格也比较低廉。红外线不能穿透障碍物，传输距离有限，且具有方向性，一般只限于室内短距离通信。

（2）微波

微波是指频率为 300MHz～300GHz 的电磁波，是无线电波中一个有限频带的简称，即波长在 1mm～1m 范围内的电磁波，是分米波、厘米波、毫米波的统称。微波频率比一般的无线电波频率高，通常也称为"超高频电磁波"。

微波通信通常包括地面微波通信和卫星通信。地面微波通信是以直线的方式传播，各个相邻站点之间必须形成无障碍的直线连接，而卫星通信适合广播数据发送，通过卫星中继站，可以将信号向多个接收节点进行发送。

（3）蓝牙

蓝牙（Bluetooth）是一种短距离的无线通讯技术，工作在 2.4GHz 的自由频段，数据传输速率最高为 1Mbit/s，它主要用于便携式设备，支持点对点及点对多点通信，能在包括移动电话、PDA、无线耳机、笔记本电脑等众多设备之间进行无线信息交换。

（4）无线电波

无线电波是指在自由空间（包括空气和真空）传播的射频频段的电磁波。无线电技术就是通过无线电波传播声音或其他信号的技术。

无线电技术的原理在于，导体中电流强弱的改变会产生无线电波。利用这一现象，通过调制技术将信息加载于无线电波之上，当电波通过空间传播到达接收端，电波引起的电磁场变化又会在导体中产生电流，然后再通过解调技术将信息从电流变化中提取出来，从而达到信息传递的目的。

三、任务实施

（一）任务分析

1．双绞线与水晶头的接线标准

双绞线由 8 根不同颜色的铜芯线分成 4 对绞合在一起，要使用双绞线把设备连接起来，应通过 RJ-45 插头（俗称水晶头）插入网卡或交换机等设备的网口中。RJ-45 水晶头共有八个脚位（或称针脚），分别用于连接双绞线内部的八条线，从水晶头的正面（金属针脚朝上而塑料卡簧在下）来看，最左边的针脚编号为 1，最右边的针脚编号为 8，如图 2-10 所示。

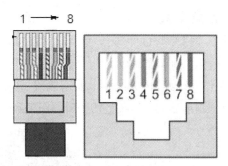

图 2-10　水晶头针脚编号

双绞线与水晶头的接线标准有两个：T568A 和 T568B，这两个标准的线序定义如下表 2-1 所示。从表中可以看出，这两种标准的差别仅在于将 1 与 3、2 与 6 芯线顺序互相对调而已。

表 2-1　双绞线的接线标准

接线标准	1	2	3	4	5	6	7	8
T568A	绿白	绿	橙白	蓝	蓝白	橙	棕白	棕
T568B	橙白	橙	绿白	蓝	蓝白	绿	棕白	棕

2．直通双绞线和交叉双绞线

双绞线的两端都采用同一种标准，即同时采用 T568A 或 T568B 标准（大多数时候采用 T568B），则称为直通线（或直连线），如图 2-11 所示。若一端采用 T568A 标准，而另一端采用 T568B，则称为交叉线，如图 2-12 所示。

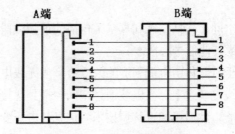

图 2-11　直通双绞线示意图

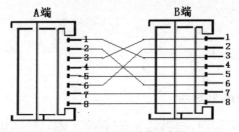

图 2-12　交叉双绞线示意图

一般来说，同种设备相连使用交叉线，不同种设备相连使用直通线。但路由器和计算机相连、集线器和交换机相连，虽为不同种设备，也需要使用交叉线。

（二）实验材料和实验工具

（1）实验材料：两条五类或超五类 UTP 双绞线、4 个 RJ-45 水晶头。

（2）实验工具：网线压线钳、电缆测试仪。

① 网线压线钳：它是制作双绞线的主要工具，具有剥线、剪线和压制水晶头的作用。压线钳的前端是压线槽，用于压制水晶头；后端是切线口，用来剥线及切线，如图 2-13 所示。

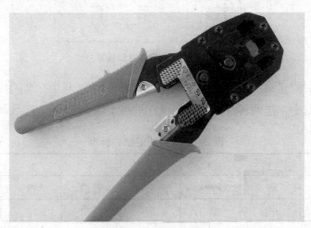

图 2-13　网线压线钳

② 电缆测试仪：它是专门用来对网线进行连通性测试的工具，可以对制作好的网线进行线序测试、通断及交叉测试。测试仪分为主测试端和远程测试端，每端各有 8 个 LED 灯及至少一个 RJ-45 接口，如图 2-14 所示。

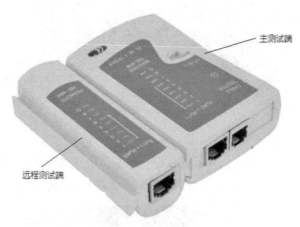

图 2-14 电缆测试仪

（三）实施步骤

1．制作直通双绞线

（1）剥线

用压线钳把双绞线的一端剪齐，将其放入压线钳的切线口内，刀口距离双绞线端头约为 2cm，如图 2-15 所示。稍微握紧压线钳慢慢旋转一圈，让刀口划开双绞线的保护胶皮，然后将压线钳向外抽，剥下胶皮。剥线时应注意控制力度，不要用力过猛，否则会剪断芯线或划破其绝缘层，当然我们也可使用专门的剥线工具来剥下保护胶皮。

图 2-15 剥线

（2）理线

将剥除外皮的 4 对芯线分开、理顺，并按照 T568B（橙白、橙、绿白、蓝、蓝白、绿、棕白、棕）的线序依次排列，排线时应尽量避免线路的缠绕和重叠，如图 2-16 所示。

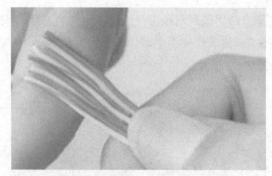

图 2-16 理线

（3）剪线

将排列好的芯线拉直、压平，并紧紧靠在一起，然后送入压线钳的切线口，把芯线前端裁剪整齐，如图 2-17 所示。注意剪线时应保证剩余的芯线长度在 1.2cm 左右。

图 2-17 剪线

（4）插线

保持整理好的线序，用一只手水平握住水晶头（针脚朝上、弹片朝下），另一只手缓缓用力把 8 条芯线对准水晶头开口平行插入线槽内，插入时一定要确保芯线顺序不变，并顶到线槽的底部，直到在另一端可以清楚地看到每根线的铜线芯为止，如图 2-18 所示。

图 2-18 插线

（5）压线

将插入双绞线的 RJ-45 水晶头放入压线钳的压线槽中，用力压下压线钳的手柄，使水晶头的针脚都能接触到双绞线的芯线，如图 2-19 所示。

图 2-19 压线

至此，双绞线一端的 RJ-45 水晶头压制完成，可按照同样的方法和步骤，压制另一端的水晶头。需要注意的是，对直通线而言，双绞线两端的芯线排列顺序要完全一致。

2．制作交叉双绞线

交叉双绞线的制作方法和直通双绞线类似，只是在理线的时候，双绞线一端按照 T568B（橙白、橙、绿白、蓝、蓝白、绿、棕白、棕）的顺序进行排列，而另一端应按照 T568A（绿白、绿、橙白、蓝、蓝白、橙、棕白、棕）的顺序进行排列。

3．线缆测试

将双绞线两端的水晶头分别插入电缆测试仪的主测试端和远程测试端的 RJ-45 端口，将开关拨到 "ON" 或 "S" 档（S 为慢速），这时两端的指示灯就依次闪烁，如图 2-20 所示。

① 直通双绞线的测试：测试直通线时，主测试端的指示灯应该从 1 到 8 的顺序依次闪烁，而远程测试端的指示灯也应该从 1 到 8 的顺序依次闪烁。

② 交叉双绞线的测试：测试交叉线时，主测试端的指示灯应该从 1 到 8 的顺序依次闪烁，而远程测试端的指示灯应该是按照 3、6、1、4、5、2、7、8 的顺序依次闪烁。

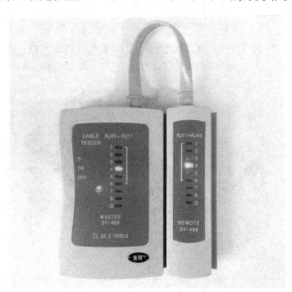

图 2-20 双绞线连通性测试

如果 8 个指示灯全亮但不是按照上述次序闪烁，则说明双绞线芯线顺序排列错误，应检查一下两端芯线排列顺序，然后剪掉错误端的水晶头重新制作；如果有部分指示灯不亮，说明某些线对没有导通，此时可以用压线钳再压一下两端的水晶头，如果故障依旧，也应剪掉水晶头重新制作。

任务二　双机直连

一、任务背景描述

你在单位有两台计算机，一台是台式计算机（办公室工作时使用），另一台为笔记本电脑（出差时使用），你经常需要在两台计算机之间传输和共享资料。你手上已制作好一条交叉双绞线，你打算采用双绞线直接插入网卡的方式将两台计算机连接起来，以达到资源共享的目的。

二、相关知识

1. 网卡

（1）网卡的功能

网络接口卡（Network Interface Card，NIC）简称"网卡"，也称之为"网络适配器"（Network Adapter），它是局域网中最基本的部件之一，是计算机与网络相连的硬件设备。网卡不仅实现与传输介质之间的物理连接，还实现帧的发送与接收、帧的封装与解封装、介质访问控制、数据的编码与解码以及数据缓存等功能。

（2）网卡的分类

网卡的分类有多种方式。根据传输速度的不同可分为 10M 网卡、10/100M 自适应网卡以及 1000M 网卡；根据连接的不同传输介质，可分为有线网卡和无线网卡；根据接口类型的不同，可以分为 ISA 网卡、PCI 网卡、PCI-X 网卡、PCMCIA 网卡（适用于笔记本电脑）、USB 网卡等。PCI 网卡如图 2-21 所示（PCMCIA 无线网卡和 USB 无线网卡的图片见项目六"任务二"）。

图 2-21　PCI 网卡

（3）网卡的物理地址（MAC 地址）

为了标识局域网中的主机，需要给每台主机上的网卡分配一个唯一的通信地址，即物理地址，也称为硬件地址或 MAC 地址。

以太网卡的 MAC 地址由 48 位二进制（6 字节）组成。其中，前 3 字节（前 24 位）为 IEEE 分配给网络设备生产厂家的厂商代码，后 3 字节（后 24 位）为厂商分配给网卡的编号。MAC 地址通常用 12 个十六进制数来表示，每两个十六进制数之间用冒号或横线隔开，格式如 "48:5D:60:78:52:0C" 或 "48-5D-60-78-52-0C"。MAC 地址具有全球唯一性，网卡在出厂前，其 MAC 地址已被烧录到 ROM 中，所以一般无法更改。

要在计算机上查看网卡的 MAC 地址，可在命令提示符下输入 "ipconfig/all" 命令。

2. 常用网络测试命令

网络建好之后，网络是否连通、能否正常工作，还需要通过一些命令来进行测试，Windows 提供了一些网络测试命令，用来测试网络性能及检测网络故障。了解和掌握基本的网络测试命令将会有助于我们更快地定位网络故障，从而节省时间，提高效率。

网络测试命令需要在"命令提示符"界面下执行。要打开命令提示符，可依次单击"开始"→"所有程序"→"附件"→"命令提示符"，或者同时按 Windows+R 键，打开"运行"，在文本框内输入 "cmd"，如图 2-22 和图 2-23 所示。

图 2-22　打开"命令提示符"

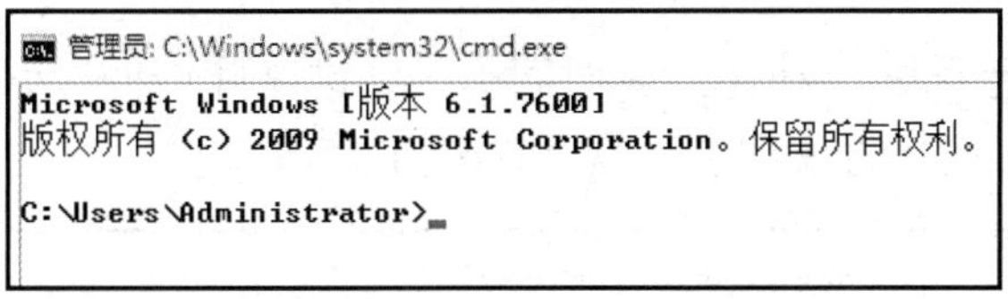

图 2-23　"命令提示符"界面

常见的网络测试命令主要有 ping、ipconfig、tracert、arp、nslookup 等，现分别介绍如下。

（1）ping 命令

ping 是基于因特网控制消息协议（Internet Control Message Protocol，ICMP）开发的命令，它是网络测试最常用的命令，可用来检测网络的连通性和连接速度。ping 命令由本机向目标主机发送多个请求应答数据包，要求目标主机收到请求后给予应答，从而通过对端的回应来判断网络的响应时间和本机是否与目标主机连通。若本机收到目标主机的回应，则可判断目标主机可达，反之则不可达。

ping 命令有多个参数可以使用,可在命令提示符下输入"ping/?"来查看该命令的格式、可用参数及其含义(其他命令与此类似,均可以通过"命令名/?"获取命令格式和参数),如图 2-24 所示。

```
C:\Users\Administrator>ping/?
用法: ping [-t] [-a] [-n count] [-l size] [-f] [-i TTL] [-v TOS]
        [-r count] [-s count] [[-j host-list] | [-k host-list]]
        [-w timeout] [-R] [-S srcaddr] [-4] [-6] target_name

选项:
    -t              Ping 指定的主机,直到停止。
                    若要查看统计信息并继续操作 - 请键入 Control-Break;
                    若要停止 - 请键入 Control-C。
    -a              将地址解析成主机名。
    -n count        要发送的回显请求数。
    -l size         发送缓冲区大小。
    -f              在数据包中设置"不分段"标志<仅适用于 IPv4>。
    -i TTL          生存时间。
    -v TOS          服务类型<仅适用于 IPv4。该设置已不赞成使用,且
                    对 IP 标头中的服务字段类型没有任何影响>。
    -r count        记录计数跃点的路由<仅适用于 IPv4>。
    -s count        计数跃点的时间戳<仅适用于 IPv4>。
    -j host-list    与主机列表一起的松散源路由<仅适用于 IPv4>。
    -k host-list    与主机列表一起的严格源路由<仅适用于 IPv4>。
    -w timeout      等待每次回复的超时时间<毫秒>。
    -R              同样使用路由标头测试反向路由<仅适用于 IPv6>。
    -S srcaddr      要使用的源地址。
    -4              强制使用 IPv4。
    -6              强制使用 IPv6。
```

图 2-24   ping 命令的参数

ping 命令的完整格式如下:

ping [-t] [-a] [-n count] [-l size] [-f] [-i TTL] [-v TOS] [-r count] [-s count] [[-j host-list] | [-k host-list]] [-w timeout] [-R] [-S srcaddr] [-4] [-6]target_name

target_name 可以是目标主机的域名,也可以是目标主机的 IP 地址。参数可以单个使用,也可以多个联合使用,其常用命令参数如下:

① 不带任何参数

图 2-25 是不带参数 ping 目标主机 IP 地址的情形。从图中可以看出,本地主机向 IP 为192.168.0.254 的远程主机发送了 4 个大小为 32 字节的测试数据包,4 个数据包均得到了对方的正常响应,数据包无丢失,数据包往返时间<1ms,这说明本机和远程主机连接正常且速度极快(因两台主机均在同一局域网内),网络状况相当良好。

```
C:\Users\Administrator>ping 192.168.0.254

正在 Ping 192.168.0.254 具有 32 字节的数据:
来自 192.168.0.254 的回复: 字节=32 时间<1ms TTL=64
来自 192.168.0.254 的回复: 字节=32 时间<1ms TTL=64
来自 192.168.0.254 的回复: 字节=32 时间<1ms TTL=64
来自 192.168.0.254 的回复: 字节=32 时间<1ms TTL=64

192.168.0.254 的 Ping 统计信息:
    数据包: 已发送 = 4,已接收 = 4,丢失 = 0 <0% 丢失>,
往返行程的估计时间<以毫秒为单位>:
    最短 = 0ms,最长 = 0ms,平均 = 0ms

C:\Users\Administrator>
```

图 2-25   不带参数 ping 目标主机 IP

当然，我们也可以直接 ping 目标主机的域名，如图 2-26 所示。返回信息除了上述提到的是否连通及丢包、往返时间外，还会解析出域名对应的 IP 地址。若无法解析域名，可能是因为本机的 DNS 服务器的 IP 地址配置错误或 DNS 服务器有故障。

```
C:\Users\Administrator>ping www.baidu.com

正在 Ping www.a.shifen.com [58.217.200.113] 具有 32 字节的数据:
来自 58.217.200.113 的回复: 字节=32 时间=51ms TTL=50
来自 58.217.200.113 的回复: 字节=32 时间=52ms TTL=50
来自 58.217.200.113 的回复: 字节=32 时间=51ms TTL=50
来自 58.217.200.113 的回复: 字节=32 时间=51ms TTL=50

58.217.200.113 的 Ping 统计信息:
    数据包: 已发送 = 4, 已接收 = 4, 丢失 = 0 (0% 丢失),
往返行程的估计时间(以毫秒为单位):
    最短 = 51ms, 最长 = 52ms, 平均 = 51ms

C:\Users\Administrator>_
```

图 2-26　不带参数 ping 目标主机域名

若两台主机无法连通，执行 ping 命令会返回"请求超时"，如图 2-27 所示。从图中可以看出，本地主机向远程主机发送的 4 个数据包均无法送达，数据包全部丢失，这说明本机和远程主机之间无法连通。

```
C:\Users\Administrator>ping 192.168.1.1

正在 Ping 192.168.1.1 具有 32 字节的数据:
请求超时。
请求超时。
请求超时。
请求超时。

192.168.1.1 的 Ping 统计信息:
    数据包: 已发送 = 4, 已接收 = 0, 丢失 = 4 (100% 丢失),

C:\Users\Administrator>_
```

图 2-27　目标主机无法 ping 通

需要强调的是，两台主机之间 ping 不通，并不意味着对方就不存在或无法连通。目前，最常见的一种情况是两台主机之间本来是连通的，但由于目标主机上安装了杀毒软件或启用了防火墙，其默认设置会过滤 ICMP 数据包，这也会被告知无法到达或请求超时。

② −t

连续不断地向目标主机发送 ping 数据包，按 Ctrl+Break 键可以查看统计信息并继续操作，按 Ctrl+C 键可以中断操作。该参数可以用来测试无线网络的覆盖范围和无线信号的强弱。

③ −n count

定义向目标主机发送的测试数据包的个数，默认值是 4。

（2）ipconfig 命令

ipconfig 命令可显示本机的网络配置信息，其有多个参数可选，若不加任何参数，则只显示 IP 地址、子网掩码和默认网关等基本信息，如图 2-28 所示。

```
C:\Users\Administrator>ipconfig

Windows IP 配置

以太网适配器 本地连接:

   连接特定的 DNS 后缀 . . . . . . . :
   本地链接 IPv6 地址. . . . . . . . . : fe80::a03b:7529:ceec:be56%11
   IPv4 地址 . . . . . . . . . . . . : 192.168.0.23
   子网掩码  . . . . . . . . . . . . : 255.255.255.0
   默认网关. . . . . . . . . . . . . : 192.168.0.1
```

图 2-28　ipconfig 不带参数

ipconfig 的常用参数有以下 3 个。

① /all

显示 TCP/IP 协议的完整配置信息，包括主机名、IP 地址、子网掩码、默认网关、DNS 服务器、网卡的物理地址、DHCP 信息等，如图 2-29 所示。

```
C:\Users\Administrator>ipconfig/all

Windows IP 配置

   主机名  . . . . . . . . . . . . . : stue7a935
   主 DNS 后缀 . . . . . . . . . . . :
   节点类型 . . . . . . . . . . . . : 混合
   IP 路由已启用 . . . . . . . . . . : 否
   WINS 代理已启用 . . . . . . . . . : 否

以太网适配器 本地连接:

   连接特定的 DNS 后缀 . . . . . . . :
   描述. . . . . . . . . . . . . . . : Realtek PCIe GBE Family Controller
   物理地址. . . . . . . . . . . . . : C8-1F-66-43-88-AD
   DHCP 已启用 . . . . . . . . . . . : 否
   自动配置已启用. . . . . . . . . . : 是
   本地链接 IPv6 地址. . . . . . . . : fe80::a03b:7529:ceec:be56%11(首选)
   IPv4 地址 . . . . . . . . . . . . : 192.168.0.23(首选)
   子网掩码  . . . . . . . . . . . . : 255.255.255.0
   默认网关. . . . . . . . . . . . . : 192.168.0.1
   DHCPv6 IAID . . . . . . . . . . . : 247996262
   DHCPv6 客户端 DUID . . . . . . . . : 00-01-00-01-1B-3C-13-2D-C8-1F-66-3C-79-D2

   DNS 服务器  . . . . . . . . . . . : fec0:0:0:ffff::1%1
                                        fec0:0:0:ffff::2%1
                                        fec0:0:0:ffff::3%1
   TCPIP 上的 NetBIOS . . . . . . . : 已启用
```

图 2-29　ipconfig/all

② /renew

为指定的适配器（网卡）更新 IP 地址，该选项只能在主机启用了"自动获得 IP 地址"（即作为 DHCP 客户端）时才能使用。大多数情况下，网卡重新获取的 IP 地址会和以前的 IP 地址相同。

③ /release

为指定的适配器释放 IP 地址，该选项也只能在主机启用了"自动获得 IP 地址"时才能使用。网卡释放 IP 地址后，其 IP 地址被重置为"0.0.0.0"。

（3）tracert 命令

tracert 命令用来跟踪数据包从源主机到目标主机所经过的路由器，并显示往返每个路由器的时间。与 ping 类似，tracert 通过向目标主机发送具有不同生存时间（TTL）的 ICMP 请求应答报文，以确定到达目的地要经过的中间节点。

tracert 有多个可选参数，但常常使用的是不带参数的命令，其语法格式是 tracert target_name，target_name 是目标主机的域名或 IP 地址，如图 2-30 所示。从图中可以看出，本机的网关为 180.85.23.126（第一台路由器），从本机到目标主机 58.217.200.113 先后经过了 14 个路由器，"*"表示该路由器未应答，请求超时。

```
C:\Users\Administrator>tracert 58.217.200.113

通过最多 30 个跃点跟踪到 58.217.200.113 的路由

  1   <1 毫秒     1 ms      1 ms   180.85.23.126
  2    1 ms      <1 毫秒    <1 毫秒  172.16.0.73
  3   <1 毫秒    <1 毫秒    <1 毫秒  172.16.0.29
  4   <1 毫秒    <1 毫秒    <1 毫秒  180.85.26.67
  5   <1 毫秒     1 ms      <1 毫秒  1.58.249.116.broad.km.yn.dynamic.163data.com.c
n [116.249.58.1]
  6    7 ms      7 ms      6 ms   213.3.112.112.broad.km.yn.dynamic.163data.com.cn
[112.112.3.213]
  7    2 ms      2 ms      3 ms   37.1.112.112.broad.km.yn.dynamic.163data.com.cn
[112.112.1.37]
  8    4 ms      3 ms      3 ms   222.221.31.245
  9   49 ms     51 ms     47 ms   202.97.84.221
 10   48 ms     47 ms     51 ms   202.102.69.18
 11   52 ms     53 ms     49 ms   180.96.35.2
 12   47 ms     47 ms     85 ms   180.96.65.46
 13   *         *         *      请求超时。
 14   51 ms     51 ms     51 ms   58.217.200.113

跟踪完成。
```

图 2-30 tracert 命令

（4）arp

arp（address resolution protocol）称为地址解析协议，它用于动态将目标主机的 IP 地址解析为 MAC 地址，以保证通信的顺利进行。主机通过 arp 解析到 MAC 地址后，将在自己的 arp 缓存表中增加相应的映射项，用于后续同一目的地报文的转发。arp 命令对于查看 arp 缓存和解决地址解析问题非常有用，其常用的一个参数是-a，通过该参数可查看 arp 缓存表中的所有条目，如图 2-31 所示。

```
C:\Users\Administrator>arp -a

接口: 180.85.23.68 --- 0xb
  Internet 地址         物理地址              类型
  180.85.23.126        00-1a-a9-1d-e7-21     动态
  180.85.23.127        ff-ff-ff-ff-ff-ff     静态
  224.0.0.22           01-00-5e-00-00-16     静态
  224.0.0.252          01-00-5e-00-00-fc     静态
  239.255.255.250      01-00-5e-7f-ff-fa     静态
  255.255.255.255      ff-ff-ff-ff-ff-ff     静态

C:\Users\Administrator>_
```

图 2-31 arp 命令

（5）nslookup

nslookup 命令用于解析域名，可以用它来测试网络中的 DNS 服务器能否正确对域名进行解析，如图 2-32 所示。从图中可以看出，本机的 DNS 服务器地址是 222.172.200.68，它成功地解析出域名 www.baidu.com，其对应的 IP 地址是 14.215.177.38 和 14.215.177.37。

```
C:\Users\Administrator>nslookup www.baidu.com
服务器:  UnKnown
Address:  222.172.200.68

非权威应答:
名称:    www.a.shifen.com
Addresses: 14.215.177.38
          14.215.177.37
Aliases:  www.baidu.com
```

图 2-32　nslookup 解析域名成功

若本机的 DNS 服务器地址配置错误、输入的域名不存在或 DNS 服务器自身故障，则会显示如图 2-33 所示无法解析域名的情形。

```
C:\Users\Administrator>nslookup www.liang.com
服务器:  UnKnown
Address:  222.172.200.68

*** UnKnown 找不到 www.liang.com: Server failed

C:\Users\Administrator>_
```

图 2-33　nslookup 无法解析域名

三、任务实施

（一）任务分析

要把两台计算机连接起来，传输介质既可以选用双绞线、同轴电缆，还可以采用串行或并行电缆。若采用双绞线或同轴电缆，可使用相应的电缆连接两台计算机的网卡；若采用串行或并行电缆，直接用电缆连接两台计算机的串行或并行端口即可，连网卡也可以省去，但采用串行或并行电缆的传输速率非常低，并且串、并行电缆的制作也比较麻烦，故这种直连方式很少使用。

网卡是目前所有计算机的标准配置，故可以考虑使用同轴电缆或双绞线来连接两台计算机。因同轴电缆网络的最高速度只能达到 10Mbit/s，并且接头制作也比较麻烦，已经处于被淘汰的边缘；所以采用双绞线几乎是最佳的选择。双绞线价格低廉、性能稳定，线缆安装制作方便，连接的速度也可以达到 100Mbit/s 甚至更高，所以本次我们采用双绞线来进行双机直连。

（二）网络拓扑

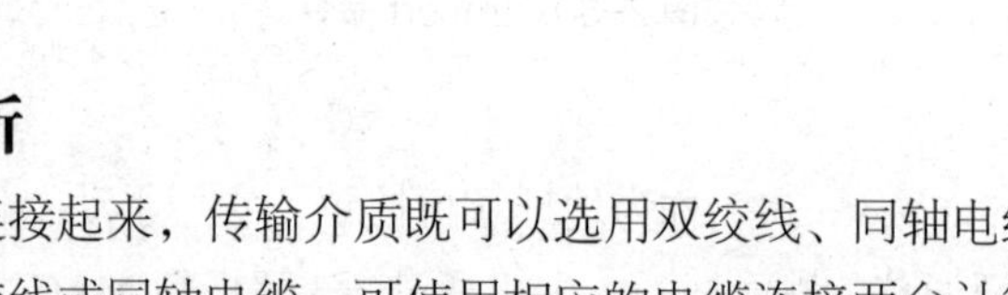

交叉双绞线

图 2-34　双机直连的拓扑结构

（三）实验设备

（1）安装 Windows 7 系统的笔记本电脑或台式计算机 2 台（已配备以太网卡）

（2）交叉双绞线 1 条

（四）实施步骤

在连线之前，请首先使用电缆测试仪对准备好的交叉双绞线进行测试，以保证其连通良好且线序正确。

1．连接计算机

把交叉双绞线的两端分别插入两台 PC 的网卡的 RJ-45 接口。连接完成后两个网卡的指示灯均会亮起，如果不亮表示没有连通，有可能是水晶头没有插好或网卡本身有问题。

2．配置 IP 地址

分别在两台计算机上执行以下操作。

（1）单击桌面任务栏右下角的网络连接图标（或右击桌面上的"网络"图标，在弹出菜单中选择"属性"），打开"网络和共享中心"，如图 2-35 所示。

图 2-35　网络和共享中心

（2）单击左侧的"更改适配器设置"打开网络连接，在"本地连接"上单击右键，弹出菜单中选择"属性"，如图 2-36 和图 2-37 所示。

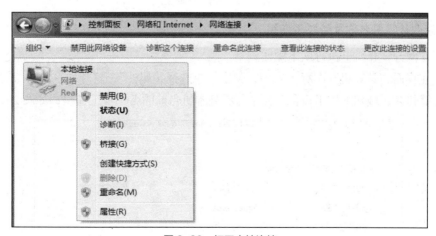

图 2-36　打开本地连接

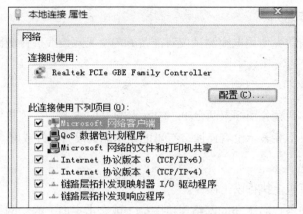

图 2-37 "本地连接"属性

（3）在"本地连接"属性中双击"Internet 协议版本 4（TCP/IPv4）"，如图 2-38 所示。在"使用下面的 IP 地址"下设置 IP 地址和子网掩码（默认网关和 DNS 服务器可不设），单击"确定"按钮完成 IP 地址的配置。注意：两台计算机的 IP 地址必须在同一网段但不能相同。

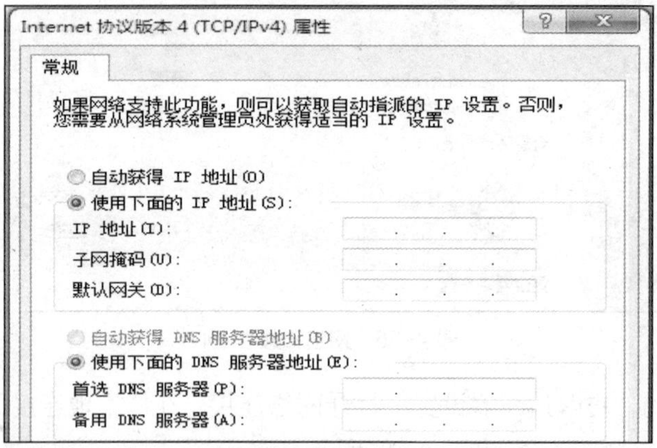

图 2-38　设置 IP 地址

3．修改计算机名称及所属工作组

分别在两台计算机上执行以下操作。

（1）在桌面"计算机"图标上右击，弹出菜单选择"属性"，打开"系统"，在窗口中下部的"计算机名、域和工作组设置"栏中可看到本机当前的名称及工作组，如图 2-39 所示。

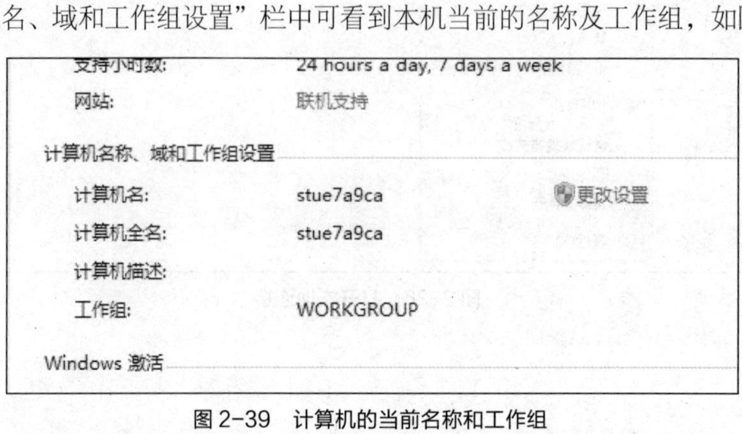

图 2-39　计算机的当前名称和工作组

（2）若要修改计算机的名称和所属工作组，可单击"更改设置"打开系统属性窗口，在"计算机名"选项卡中也可以看到当前计算机的名称和工作组，如图 2-40 所示。

图 2-40 "系统属性"窗口

（3）在系统属性窗口中单击下部的"更改"按钮，在弹出窗口输入新的计算机名称和工作组名称，如图 2-41 所示。单击"确定"按钮完成更改。

需要注意的是：若要两台计算机能够互相通信，应确保它们的计算机名称不能重复，但工作组名称须相同。做了上述修改之后还必须重启计算机，设置才能生效。

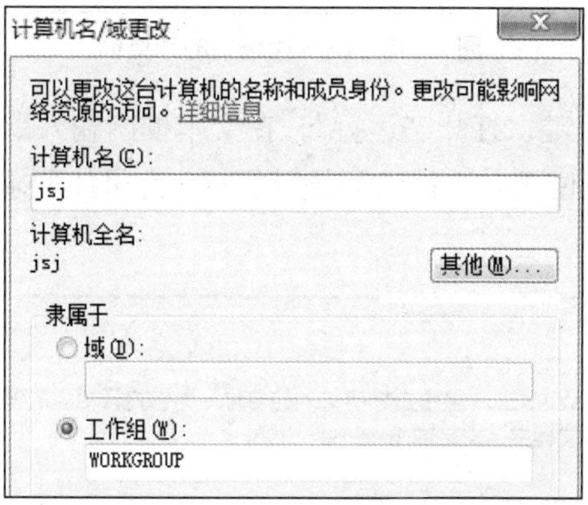

图 2-41 更改计算机名称和工作组

4．测试连通性

在其中一台计算机上打开命令提示符，在命令行中 ping 对方的 IP 地址，根据响应情况，判断两台 PC 之间是否连通。若无法 ping 通，可以先关闭杀毒软件和防火墙再来测试。

5．双机互相访问

要使得两台计算机能够互访，首先应确保两台 PC 能够互相 ping 通，其次还应该在各自的计算机上开启"网络发现"功能。

（1）开启"网络发现"功能

在图 2-35 的"网络和共享中心"窗口中，单击左侧的"更改高级共享设置"，启用网络发现功能，如图 2-42 所示。只有启用了"网络发现"，本机才能找到网络上的其他计算机，同时自身也才能被其他计算机找到。

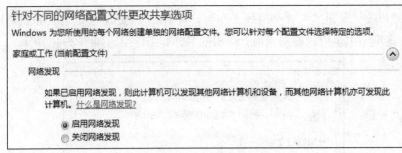

图 2-42　启用"网络发现"

（2）互相访问

访问网络中的计算机，可通过以下两种方式。

① 双击桌面上的"网络"图标，可看到同一网络中的所有计算机，如图 2-43 所示。双击相应的计算机名称，便可以访问该计算机。

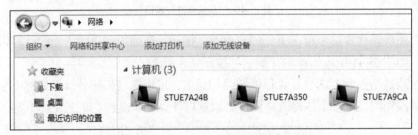

图 2-43　同一网络中的计算机

②同时按 Windows+R 键，打开"运行"，在文本框内输入欲访问的网络计算机的"\\IP地址"或"\\计算机名称"，便可以直接访问该计算机（有可能要求输入登录密码），如图 2-44 和图 2-45 所示。

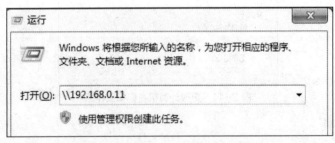

图 2-44　通过 IP 地址访问网络计算机

图 2-45　成功访问网络计算机

思考与练习

一、单选题

1. 两台计算机通过网卡直接互联需使用哪一种线缆？（　　）

A. 屏蔽双绞线　　　　B. 非屏蔽双绞线　　　C. 交叉双绞线　　　　D. 直通双绞线

2. 局域网中最常用的有线传输介质是以下哪种？（　　）

A. 粗缆　　　　　　　B. 细缆　　　　　　　C. UTP　　　　　　　D. STP

3. 制作双绞线的 T568B 标准是以下哪种线序？（　　）

A. 橙白、橙、绿白、绿、蓝白、蓝、棕白、棕

B. 橙白、橙、绿白、蓝、蓝白、绿、棕白、棕

C. 绿白、绿、橙白、蓝、蓝白、橙、棕白、棕

D. 橙白、蓝、绿白、橙、蓝白、绿、棕白、棕

4. 当前发展最为迅速和最有前景的网络传输介质是以下哪种？（　　）

A. 同轴电缆　　　　　B.双绞线　　　　　　C.光纤　　　　　　　D.无线电波

5. 常用来测试网络连通性的命令是以下哪个？（　　）

A. ipconfig　　　　　B. tracert　　　　　　C. arp　　　　　　　D. ping

6. 要查看计算机网络配置的详细信息，应该使用以下哪个命令？（　　）

A. ipconfig　　　　　B. tracert　　　　　　C. arp　　　　　　　D. ipconfig/all

7. 要查看本机网卡的 MAC 地址，应该使用哪个命令？（　　）

A. ping　　　　　　　B. tracert　　　　　　C. ipconfig　　　　　D. ipconfig/all

二、多选题

1. 一般说来，同种设备相连和异种设备相连，分别使用以下哪种双绞线？（　　）

A. 屏蔽双绞线　　　　B. 直通双绞线　　　　C. 非屏蔽双绞线　　　D. 交叉双绞线

2. 光纤的分类方式很多，如按光在光纤中的传输模式可分为哪两种？（　　）

A. 单模光纤　　　　　B. 多模光纤　　　　　C. 突变性光纤　　　　D. 渐变性光纤

3. 下列有关光纤的说法哪些是正确的？（　　）

A. 多模光纤可传输不同波长不同入射角度的光

B. 多模光纤的成本比单模光纤低

C. 采用多模光纤时，信号的最大传输距离比单模光纤长

D. 多模光纤的纤芯较细

4. 无线传输介质包括以下哪些？（　　）

A. 微波　　　　　　　B. 红外线　　　　　　C. 无线电波　　　　　D. 二氧化碳

5. 下列有关 MAC 地址的表示方法中，哪些是正确的？（　　）

A. 15:AD:F0:00:E1:B5　　　　　　　　B. 69.FF.AB.90.02.BA

C. 10-21-DA-F8-FF-8B　　　　　　　　D. 5B:09:2C: AH: 00: FG

6. 下列有关网卡 MAC 地址的说法中，哪些是正确的？（　　　）

A. 以太网用 MAC 地址来唯一标识一台主机

B. MAC 地址也称为物理地址或硬件地址，可以很方便地修改

C. MAC 地址固化在 ROM 中，通常情况下无法更改

D. MAC 地址由 32 位二进制组成，通常用 12 个十六进制数来表示

E. 网卡的 MAC 地址由厂商代码和网卡编号两部分组成

三、简答题

1. 同轴电缆、双绞线、光纤三种有线传输介质各有何特点？

2. 双绞线的两种线序标准是怎样排列的？

3. 交叉双绞线和直通双绞线各适用何种场合？

4. 双机直连的基本步骤有哪些？

PART 3

项目三
组建简单的局域网

随着社会的发展与科学的进步，计算机网络已经深入到人们生活与工作的方方面面。为达到资源共享与相互通信的目的，企业建有自己的企业网，大中小学建有自己的校园网，由这些企业网、校园网彼此互联构成覆盖范围更大的广域网，而各个国家的骨干广域网再互联就形成了覆盖全球的国际互联网—Internet。也就是说，Internet 其实是由许许多多的覆盖地域范围有限的企业网、校园网等组成，而这些覆盖地域范围有限的网络就称之为局域网。

以太网是当今局域网采用的最通用的通信协议标准。以太网技术标准开放，技术简单，实现方便，加上其速率和可靠性不断提高，成本不断降低，促使其获得越来越广泛的应用，成为当前应用最普遍的局域网技术。

通过本项目的学习，应达到以下目标。

知识目标

（1）了解局域网的特点及分类。
（2）熟悉局域网两种组网模式各自的优缺点。
（3）了解常见网络设备的功能。
（4）理解 MAC 地址的含义、结构及表示方法。
（5）熟悉 IP 地址的结构及分类。
（6）掌握网络数和主机数的计算方法以及如何计算网络地址和广播地址。
（7）理解子网掩码的含义及表示方法。
（8）理解子网划分的含义。
（9）了解 IPv6 的特点、表示方法及构成。

技能目标

（1）能够计算 IPv4 的网络地址、广播地址、子网掩码、网络个数和主机个数。
（2）能够进行子网划分。
（3）能够使用交换机搭建简单的局域网。
（4）能够在局域网中进行文件夹与打印机共享、远程桌面、映射网络驱动器等资源共享。

任务一 使用交换机组建对等网

一、任务背景描述

你是某小型公司的网络管理员，公司每人均拥有台式计算机或笔记本电脑，你希望将所有同事的计算机连接起来组成一个局域网，以便彼此可以共享资源，互相传输文件或聊天交流等。为达此目的，你首先需要选购相关硬件设备，并将这些计算机连接至同一网络中。

二、相关知识

（一）局域网概述

1．局域网的概念

局域网（Local Area Network，LAN）是指在一个较小范围内通过网络设备将多台计算机连接起来组成的系统。在局域网内，在相关软件的支持下，可以实现数据通信和资源共享，如文件管理、软件共享、打印机共享、日程安排与工作通知、电子邮件和通信服务等。局域网一般是由某个单位或部门自行管理的网络，它既可以由办公室内的两台计算机组成，也可以由一个企业的几千台计算机组成。

2．局域网的特点

局域网通常由一个单位或组织建设和拥有，其主要特点是：

（1）地理分布范围较小（一般为几十米至数千米），只在一个相对独立的局部范围内联网，如一幢大楼、一所学校或一家企业。

（2）铺设专门的传输介质进行连接，信号传输距离相对较短、数据传输速率高（10Mbit/s ～ 10Gbit/s）且误码率低。

（3）通信延迟时间短，传输质量好，可靠性较高。

（4）可以支持多种传输介质，如同轴电缆、双绞线、光纤和无线电波等。

（5）与广域网相比，局域网管理方便、结构灵活、建网成本低、周期短、便于扩展。

3．局域网与OSI参考模型

局域网技术主要对应OSI参考模型的物理层和数据链路层，也就是TCP/IP模型的网络接口层。

（1）局域网的物理层

根据ISO的OSI参考模型，物理层规定了两个设备之间的物理接口，以及该接口的电气特性、功能特性、规程特性、机械特性等内容，局域网的物理层也与此类似，它的主要功能是提供一种物理层面的标准，各个厂家只要按照这个标准生产网络设备就可以进行互通。

（2）局域网数据链路层的分层结构

局域网的物理层和数据链路层是相关的，针对不同的物理层介质，需要提供特定的数据链路层来访问，这就导致了数据链路层和物理层有很大的相关性，给设计和应用带来了不便。

为了避免这种不便，IEEE 将局域网的数据链路层再分为两个子层：逻辑链路控制子层（LLC）和媒体访问控制子层（MAC）。

子层的划分将硬件与软件实现有效的分离。硬件制造商一方面可以设计制造各种各样的网络接口卡（网卡），以支持不同的局域网，另一方面则可以提供接口相同的驱动程序以方便应用程序使用这些网络接口卡。而软件设计商则无需考虑具体的局域网技术，只需调用标准的驱动程序接口即可。

① MAC 子层

MAC 子层靠近物理层，它定义了数据包怎样在介质上进行传输，它是与物理层相关的。也就是说，使用不同访问控制技术和不同传输介质的物理层由不同的 MAC 子层来进行访问，比如物理层是工作在半双工模式的双绞线，则相应的 MAC 子层为半双工 MAC，如果物理层是令牌环，则由令牌环 MAC 来进行访问。MAC 子层的存在屏蔽了不同物理链路种类的差异性。

② LLC 子层

LLC 子层位于 MAC 子层之上（靠近网络层），它实现数据链路层与硬件无关的功能，比如流量控制、差错恢复等。LLC 的主要功能之一是负责识别网络层协议，然后对它们进行封装。

4．局域网的分类

局域网的分类有多种方式，一般可按拓扑结构、传输介质、介质访问控制方式、信息交换方式等进行分类。

① 按拓扑结构分类：局域网可分为总线型局域网、环型局域网、星型局域网和混合型局域网等类型，其中星型网络是当前局域网最常用的一种结构。

② 按传输介质分类：可分为有线局域网和无线局域网。有线局域网常用的传输介质有同轴电缆、双绞线、光缆等，其中双绞线是目前局域网最常用的有线传输介质。无线局域网的传输介质有微波、红外线、蓝牙、无线电波等，当前蓬勃发展的 WLAN（无线局域网）主要采用的是无线电波。

③ 按介质访问控制方式分类：可分为以太网（Ethernet）、光纤分布式数据接口（FDDI）、异步传输模式（ATM）、令牌环网（Token Ring），其中应用最广泛的当属以太网。

④ 按信息的交换方式分类：可分为共享式局域网、交换式局域网。共享式局域网以集线器（Hub）为中心，数据以广播方式在网络内传播，各节点共享公用的传输介质；交换式局域网的核心设备是交换机，交换机上的每个节点独占传输通道，不存在冲突问题，而且它的多个端口之间可以建立多个并发连接，大大提高了数据传输速度。

5．局域网的组网模式

（1）对等网模式

对等网模式也称之为工作组模式，是最简单的组网模式。在对等网络中，计算机数量较少，网络中没有专门的服务器，计算机之间地位平等，无主从之分，每台计算机既可以作为服务器也可以作为客户机。对等网一般适用于家庭和小型办公室等对安全性要求不高的环境。

对等网络有以下特点。

① 对等网络中的计算机数量比较少，也不需要专门的服务器来做网络支持，因而结构简单、组网成本低，网络配置和管理维护简单。

② 对等网络分布范围比较小，通常在一间办公室或一个家庭内。

③ 对等网络的资源管理分散，每台计算机自行管理自身的用户和资源，因此网络性能较低，数据保密性差，安全性不高。

（2）客户端/服务器模式（C/S 模式）

客户端/服务器（Client/Server）模式，简称 C/S 模式。在这种模式中，客户端和服务器都是独立的计算机，但各计算机有明确的分工，少数计算机作为专门的服务器负责提供和管理网络中的各种资源，其他计算机则作为客户端来访问服务器提供的资源。服务器作为网络的核心，一般使用高性能的计算机并安装网络操作系统，而客户端从服务器上获得所需要的网络资源。

在 C/S 模式中，数据或资源集中存放在服务器上，服务器可以更好地进行访问控制和资源管理，以保证只有那些具有适当权限的用户可以访问数据和资源，因而提高了网络的安全性；同时因服务器性能强大，可同时向多个客户端提供服务，故网络性能较好、访问效率更高。C/S 模式一般适用于大中型网络。

（二）以太网技术

在众多的局域网技术中，以太网（Ethernet）技术由于其开放、简单、易于实现、便于部署等特性，使得其被广泛使用，迅速成为局域网中占据统治地位的技术，以至于现在人们将"以太网"当作了"局域网"的代名词。

1. 以太网的发展历程

以太网由施乐公司（Xerox）于 1973 年最早开发，在 Xerox、DEC 和 Intel 公司的推动下形成了 DIX 标准。1985 年，IEEE802 委员会吸收以太网为 IEEE802.3 标准，并对其进行了修改。

最初的以太网使用同轴电缆形成总线拓扑结构，通过复杂的连接器把计算机和终端连接到电缆上，然后还必须经过一些相关的信号处理才能使用。这样的结构相对复杂，而且效率不高，只能适合于半双工通信。因为只有一条共用线路，必须设计一种冲突检测的机制，来避免多个设备在同一时刻抢占线路的情况，这种机制就是 CSMA/CD（带冲突检测的载波监听多路访问），它使得网络中的多个设备可以共享相同的传输介质。

1990 年，出现了基于双绞线作为传输介质的以太网（10BASE-T），这是以太网历史上一次重要的革命。10BASE-T 得以实施，主要归功于多端口中继器和结构化电话布线。多端口中继器就是集线器（Hub），终端设备通过双绞线连接到 Hub 上，利用 Hub 内部的一条共享总线进行互相通信。

把双绞线作为以太网的传输介质不但提高了灵活性和降低了成本，而且引入了一种高效的运行模式—全双工模式。所谓全双工，就是数据的发送和接收可以同时进行，互不干扰。传统的网络设备 Hub 是不支持全双工的，因为 Hub 的内部只有一条总线，要实现全双工通信，必须引入一种新的设备，即现在的以太网交换机。交换机也是一个多端口设备，每个端口可以连接计算机和其他多端口设备。交换机内部是一个数字交叉网络，该数字交叉网络能把各个终端进行暂时的连接，互相独立地传输数据。正是以太网交换机的出现，使以太网技术由原来的共享结构转变为了独占带宽的结构，从而产生了全双工以太网，大大提高了网络的传输效率。

2．以太网的技术标准

目前，以太网技术已经形成了一系列标准，从早期 10Mbit/s 的标准以太网、100Mbit/s 的快速以太网、1Gbit/s 的千兆以太网，一直到 10Gbit/s 的万兆以太网，其技术不断发展，成为局域网的主流技术。

（1）标准以太网

标准以太网最初使用同轴电缆作为传输介质，后来发展到使用双绞线以及光纤等。由于同轴电缆造价较高，且安装维护不便，已逐渐退出历史舞台。当今的以太网技术使用的主要传输介质为双绞线和光纤。

标准以太网的主要标准有 10BASE2、10BASE5 、10BASE-T 和 10BASE-F，分别采用细同轴电缆、粗同轴电缆、双绞线和光纤作为传输介质。这些标准中前面的数字"10"表示传输速度，单位是"Mbit/s"；中间的"BASE"指信号是基带传输，即电缆中传输的是数字信号；最后的数字表示单网段的最大传输距离，如 5 代表 500m，2 代表 200m；字母"T""F"则表示传输介质分别为双绞线和光纤。

10BASE2（IEEE 802.3a）：使用直径为 0.2 英寸、阻抗为 50Ω 的细同轴电缆作为传输介质，单网段的最大传输距离为 185m（接近于 200m，故表示为 10BASE2），拓扑结构为总线型。

10BASE5（IEEE 802.3）：使用直径为 0.4 英寸、阻抗为 50Ω 的粗同轴电缆作为传输介质，单网段的最大传输距离为 500m，拓扑结构为总线型。

10BASE-T（IEEE 802.3i）：使用双绞线作为传输介质，单网段的最大传输距离为 100m，拓扑结构为星型，使用 3 类或 5 类非屏蔽双绞线。

10BASE-F（IEEE 802.3j）：使用光纤作为传输介质。

（2）快速以太网

快速以太网仍然沿用标准以太网的机制，在双绞线或光纤上进行数据传输，但是采用了更高的传输时钟频率，可以以更快的速率传输数据。快速以太网由 IEEE 802.3u 标准所定义，它包含多种标准，最常见的是 100BASE-TX 和 100BASE-FX。

100BASE-TX：使用 2 对 5 类非屏蔽双绞线（UTP）和 RJ-45 接头，拓扑结构为星型结构，单网段的最大传输距离为 100m，支持全双工和半双工模式。

100BASE-FX：使用 2 对多模光纤，最大传输距离可达 2000m，支持全双工和半双工模式。

（3）千兆以太网

千兆以太网由 IEEE 802.3z 标准所定义，支持全双工和半双工工作模式，在半双工状态下仍然使用 CSMA/CD 处理冲突，它将以太网速率提升至 1Gbit/s。千兆以太网的主要标准包括 1000BASE-SX、1000BASE-LX 和 1000BASE-T。

1000BASE-SX：适用于波长为 850nm（短波）的多模光纤。直径为 50μm 的多模光纤单网段最大传输距离为 550m，直径为 62.5μm 的多模光纤单网段最大传输距离为 275m。

1000BASE-LX：适用于波长为1310nm（长波）的多模或单模光纤。采用直径为50μm/62.5μm的多模光纤单网段最大传输距离可达550m，采用直径为10μm的单模光纤单网段最大传输距离为5000m。

1000BASE-T：使用4对5类非屏蔽双绞线（UTP），单网段最大传输距离为100m。

（4）万兆以太网

万兆以太网在千兆以太网的基础上有了进一步的升级，将其传输速率提高了10倍，且只支持全双工工作模式。同时，为了能够在现有的传输网络中得到很好应用，兼容设计了多种物理层实体，从而扩大了应用范围。

万兆以太网由IEEE 802.3ae标准定义，其标准主要包括10GBASE-X、10GBASE-R和10GBASE-W三种类型。万兆以太网标准不仅将以太网的带宽提高到10Gbit/s（在使用万兆以太网信道的情况下可以达到40Gbit/s甚至更高的速率），同时也将传输距离提高到数十公里甚至上百公里。

（三）常见网络设备

1. 调制解调器

调制解调器（MODEM）是Modulator（调制器）与Demodulator（解调器）的合称。调制解调器可以完成数字信号和模拟信号之间的转换，以实现计算机之间通过电话线路传输数据信号的目的。所谓"调制"就是在发送端把数字信号转换成电话线上传输的模拟信号，而"解调"则是在接收端把模拟信号转换成数字信号。ADSL调制解调器如图3-1所示。

图 3-1　ADSL 调制解调器

2. 交换机

交换机（Switch）是一个多端口设备，每个端口可以连接终端设备和其他多端口设备。与集线器不一样，交换机内部不是一条共享总线，而是一个数字交叉网络，该数字交叉网络能把各个终端进行暂时的连接，互相独立的传输数据，而且交换机还为每个端口设置了缓冲区，可以暂时缓存终端发送过来的数据，等资源空闲之后再进行交换。正是交换机的出现，使以太网技术由原来的共享结构转变为了独占带宽结构，大大提高了数据传输的效率。

交换机工作在 OSI 参考模型的第二层（数据链路层），它是一种基于 MAC 地址识别，能完成封装与转发数据帧功能的网络设备。交换机的 CPU 会在每个端口成功连接时，通过将 MAC 地址和端口对应，在内部自动生成一张 MAC 地址表（MAC 地址和端口之间的对应表）。在进行数据通信时，通过在发送端和接收端之间建立临时的交换路径，将数据帧直接由源地址发送到目的地址。交换机如图 3-2 所示。

图 3-2　交换机

3. 路由器

路由器（Router）又称网关（Gateway），它工作在 OSI 参考模型的第三层（网络层），其主要功能是路径选择（路由），即为经过路由器的数据包寻找一条最佳的传输路径，并转发出去。路由器和交换机之间的主要区别在于交换机属于数据链路层设备，在同一网段内转发数据；而路由器属于网络层设备，在不同网段之间转发数据。路由器一般都有多种网络接口，包括局域网接口和广域网接口，其外观如图 3-3 所示。

图 3-3　路由器

（四）IP 地址

1. IP 地址的结构

在 Internet 上，连接互联网的每一台主机都需要分配一个全球唯一的标识符，这个标识符就是 IP 地址。IP 地址是一种在 Internet 上给主机编址的方式，它由 32 位二进制数（4 字节）组成。为提高 IP 地址的可读性，32 位二进制数被分割为 4 段，每段 8 位二进制数，段与段之间用点号隔开，再把每段的二进制数转化成十进制数，写成 a.b.c.d 的形式（a、b、c、d 均介于 0 ~ 255），这就是通常所说的"点分十进制"表示法，如图 3-4 所示。

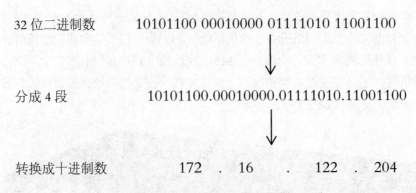

32 位二进制数　　10101100 00010000 01111010 11001100

分成 4 段　　　　10101100.00010000.01111010.11001100

转换成十进制数　　172 . 16 . 122 . 204

图 3-4　IP 地址的点分十进制表示法

为了便于寻址以及层次化构造网络，IP 地址被分成网络 ID（网络位）和主机 ID（主机位）两部分，其中网络位占据 IP 地址的高位，主机位占据低位，如图 3-5 所示。同一网络（网段）中的所有主机的网络 ID 相同，但主机 ID 不应相同。

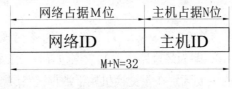

图 3-5　IP 地址的组成

网络数和主机数的计算方法：

假设 IP 地址中网络占据 M 位，主机占据 N 位，则网络个数为 2^M，可用主机数（或称可用 IP 地址数）为 2^N-2（网络地址和广播地址不能分配给主机使用，故减去 2）。

2．IP 地址的分类

为了满足不同网络对 IP 地址数量的不同需求，Internet 委员会定义了 5 种 IP 地址类型以适应不同容量的网络，即 A、B、C、D、E 五类。其中，A、B、C 三类 IP 地址可分配给主机使用，D 类用于组播，而 E 类暂时保留，留作试验之用。A 类~E 类 IP 地址的划分如图 3-6 所示。

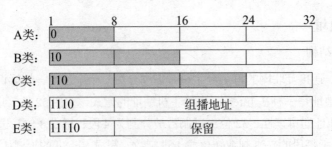

图 3-6　IP 地址的分类

（1）A 类 IP 地址

A 类 IP 地址网络占据 8 位（其中最高位固定为"0"），主机占据 24 位。A 类网络个数为 126（2^7-2，因以"0"和"127"开头的 IP 地址有特殊用途，详见后述），每个网络可容纳的主机数目是 16777214（$2^{24}-2$），其首字节数值的范围为 1～126。

（2）B 类 IP 地址

B 类 IP 地址网络占据 16 位（其中前两位固定为"10"），主机占据 16 位。B 类网络个数为 16384（2^{14}），每个网络可容纳的主机数目是 65534（$2^{16}-2$），其首字节数值的范围为 128～191。

（3）C 类 IP 地址

C 类 IP 地址网络占据 24 位（其中前三位固定为"110"），主机占据 8 位。C 类网络个数为 2097152（2^{21}），每个网络可容纳的主机数目是 254（2^8-2），其首字节数值的范围为 192～223。

（4）D 类 IP 地址

D 类 IP 地址前四位固定为"1110"，其首字节数值的范围为 224～239。

（5）E 类 IP 地址

E 类 IP 地址前五位固定为"11110"，其首字节数值的范围为 240～247。

3. 私有 IP 地址

可以直接在 Internet 上使用的 IP 地址称之为公有 IP 地址，公有 IP 地址全球唯一，由 Inter NIC（因特网信息中心）负责分配，必须向该机构注册申请方可使用公有 IP。除此之外，在局域网中还有一类 IP 地址无需注册申请即可使用，这就是私有 IP 地址。私有 IP 地址可被任何组织机构随意使用，但只能用于局域网内部计算机之间的通信，不能够通过其访问 Internet。A、B、C 三类 IP 地址中各保留了一个地址段作为私有地址，其地址范围如下。

A 类：10.0.0.0—10.255.255.255

B 类：172.16.0.0—172.31.255.255

C 类：192.168.0.0—192.168.255.255

4. 特殊 IP 地址

① 网络地址：网络位数据不变，主机所在位全为"0"的 IP 地址称为网络地址（或称网络号），它用来代表网络本身。网络地址不能分配给主机使用。如，对 B 类 IP 地址 172.20.203.123 而言，网络位和主机位各占 16 位，其网络地址为 172.20.0.0。我们常说的两个 IP 地址在或不在同一网段（网络），就是指这两个 IP 地址所在的网络号是否相同。

② 广播地址：网络位数据不变，主机所在位全为"1"的 IP 地址称为广播地址（或称广播号），它用来代表某一网络中的所有主机。广播地址也不能分配给主机使用。例如，对 C 类 IP 地址 192.202.200.1 而言，网络位占据 24 位，主机位占据 8 位，其广播地址为 192.202.200.255。

③ 环回地址：以 127 开头的 IP 地址（常见的是 127.0.0.1）称之为环回地址，它用来代表本机，一般用来测试本机的网络协议或网络服务是否配置正确。127.0.0.1 也可以用字符"localhost"来代替。

④ 0.0.0.0：IP 地址"0.0.0.0"有两层意思：一是可以用来代表所有网络，二是当设备启动时不知道自己 IP 地址时，可用作自身的源 IP 地址。

⑤ 169.254.X.X：当主机被配置为自动获取 IP 地址，但因网络中断、DHCP 服务器故障或其他原因导致主机无法获取到 IP 时，Windows 系统便会自动为主机分配一个以"169.254"开头的临时 IP，这类 IP 地址无法访问 Internet。

（五）子网掩码

1．子网掩码的定义

子网掩码（Subnet Mask）的形式和 IP 地址一样，长度也是 32 位，它由一串连续的二进制 "1" 后跟一串连续的二进制 "0" 组成。子网掩码的作用是用来区分 IP 地址中的网络位和主机位，子网掩码中的值为 "1" 代表 IP 地址中对应的位是网络位，为 "0" 则代表 IP 地址中对应的位是主机位。也就是说，子网掩码中有多少个 "1"，IP 地址中网络就占据多少位，有多少个 "0"，IP 地址中主机就占据多少位。该说法反之亦成立：IP 地址中网络占据多少位，子网掩码中就有多少个 "1"，主机占据多少位，子网掩码中就有多少个 "0"。

子网掩码不能单独存在，它必须结合 IP 地址一起使用。将子网掩码和 IP 地址的对应位进行二进制 "与" 运算，得到的便是该 IP 所在的网络地址（网络号）。

2．子网掩码的表示方法

子网掩码有两种表示方法，一种是点分十进制表示法，另一种是斜线表示法。

① 点分十进制表示法：与 IP 地址一样，由 4 位十进制数组成，如 255.255.255.192。

② 斜线表示法：/整数，整数表示子网掩码中二进制 "1" 的个数，如上述子网掩码 255.255.255.192 也可以写成/26，它们两者之间是等效的。

所以，IP 地址和子网掩码结合起来，就有两种表示方法，如 172.16.10.1/255.255.240.0，也可以写作 172.16.10.1/20。

理解了子网掩码的含义，由此可知：A 类 IP 地址网络占据 8 位，所以其默认子网掩码为/8，即 255.0.0.0；B 类 IP 地址网络占据 16 位，所以其默认子网掩码为/16，即 255.255.0.0；C 类 IP 地址网络占据 24 位，所以其默认子网掩码为/24，即 255.255.255.0。

（六）子网划分

1．子网划分的含义

所谓的子网划分（或称划分子网）是指将一个大的网络分割成多个小的网络，其目的是为了提高 IP 地址的利用效率，节约 IP 地址。划分子网的方法是从 IP 地址的主机位借用若干位作为子网地址（子网号），从而实现将原网络划分成若干个小网络的目的，借位使得 IP 地址的结构变成了三部分：网络位、子网位和主机位，如图 3-7 所示。划分子网后，网络位长度增加，相应的网络个数增加；主机位长度减少，每个网络中的可用主机数（可用 IP 地址数）也减少。

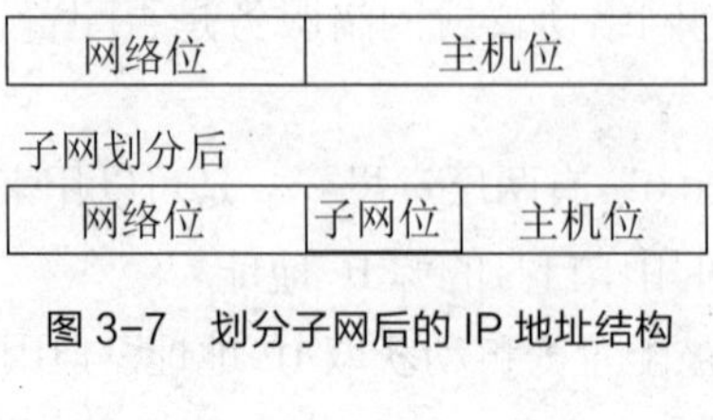

子网划分前

网络位	主机位

子网划分后

网络位	子网位	主机位

图 3-7　划分子网后的 IP 地址结构

2．划分子网的步骤

① 根据需要划分的子网数目，确定子网号至少应向主机借用的位数。

② 确定实际划分出的子网个数、每个子网的可用主机数（可用 IP 地址数）及子网掩码。

③ 列出每个子网的网络号、广播号及可用 IP 地址的范围。

现举例说明：某单位有一个 C 类网络地址 192.168.10.0/24，现有 3 个不同的部门需要使用该网段。为确保各部门不互相干扰，要求每个部门使用不同的子网，请规划出各部门可以使用的子网的网络号、广播号、子网掩码、可用 IP 地址范围。

划分子网的过程如下：

① 确定子网位的长度。该单位需要 3 个子网，则子网位的长度 M 必须满足 $2^M \geqslant 3$，很显然 M=2 条件即成立，故子网至少需要向主机借 2 位作为子网地址（为简化问题，此处仅以子网长度 M=2 进行说明，不考虑 M=3、4、5…情况）。

② 计算子网个数、子网掩码、可用 IP 地址数：因子网长度 M=2，则实际划分的子网个数为 4（2^2），借位后网络位的长度为 26（24+2），故各子网的掩码均为/26（255.255.255.192）；原网络地址的主机位长度为 8 位，借位后的主机位长度 N=6（8-2），故每个子网可用 IP 地址数目为 62（2^6-2）。

③ 计算各子网的网络号、广播号和可用 IP 地址的范围：子网占据 2 位，2 位二进制共有四种组合（即四个子网），分别是 00、01、10、11，各个子网分别如下。

第一个子网：

网络号 192.168.10.**00**000000（即 192.168.10.0）广播号 192.168.10.**00**111111（即 192.168.10.63）

此处，没有必要将 192.168.10（网络占据的前 24 位）转换成二进制数，因为无论是求网络号还是广播号，网络位数据始终是不变的。

可用 IP 地址的范围：192.168.10.1-192.168.10.62（可用 IP 地址介于本子网的网络号与广播号之间）。

第二个子网：

网络号 192.168.10.**01**000000（即 192.168.10.64）广播号 192.168.10.**01**111111（即 192.168.10.127）

可用 IP 地址的范围：192.168.10.65-192.168.10.126

第三个子网：

网络号 192.168.10.**10**000000（即 192.168.10.128）广播号 192.168.10.**10**111111（即 192.168.10.191）

可用 IP 地址的范围：192.168.10.129-192.168.10.190

第四个子网：

网络号 192.168.10.**11**000000（即 192.168.10.192）广播号 192.168.10.**11**111111（即 192.168.10.255）

可用 IP 地址的范围：192.168.10.193-192.168.10.254

（七）IPv6 概述

我们前面介绍的 IP 地址称之为 IPv4，它使用 32 位的地址结构，提供了 2^{32}（约 43 亿）个 IP 地址，这样的数量看似很多，但随着互联网的快速发展和因特网规模的急剧扩张，尤其是近年来移动互联网、物联网的快速推进，导致 IPv4 几乎被耗尽，严重制约了互联网的应用和发展，于是 IPv6 应运而生。IPv6 是 IPv4 的升级版本，其地址长度从 32 位增加到了 128 位。

1．IPv6 的特点

与 IPv4 相比，IPv6 的特点如下。

① 巨大的地址空间

IPv6 地址的长度是 128 位，理论上可提供的地址数目是 2^{128}（约 3.4×10^{38}）个，这个数量是非常巨大的，将这个地址空间平均分配给全世界所有人，每个人都可以拥有约 5.7×10^{28} 个地址。有个夸张的说法是：可以为地球上的每一粒沙子都分配一个 IPv6 地址。

② 数据报文处理效率更高

IPv6 使用了新的协议头格式，尽管其数据报头更大，但是其格式比 IPv4 报头简单，这一方面加快了基本 IPv6 报头的处理速度，另一方面极大地提高了数据在网络中的路由效率。

③ 良好的扩展性

IPv6 在基本报头之后添加了扩展报头，可以很方便地实现功能扩展。

④ 路由选择效率更高

IPv4 地址的平面结构导致路由表变得越来越大，而 IPv6 充足的选址空间与网络前缀使得大量的连续地址块可以用来分配给网络服务提供商和其他组织，这可以实现骨干路由器上路由条目的汇总，从而缩小路由表的大小，提高路由选择的效率。

⑤ 支持地址自动配置

在 IPv6 中，主机支持 IPv6 地址的自动配置，这种即插即用式的自动配置地址方式不需要人工干预，不需要架设 DHCP 服务器，这使得网络的管理更加方便和快捷，可显著降低网络维护成本。

⑥ 更好的 QoS（服务质量）

IPv6 报头中除了数据流类别外，还新增加了流标签字段用于标识流量，以便更好地支持服务质量。同时，IPv6 还通过提供永久连接、防止服务中断等方法来改善服务质量。

⑦ 更高的安全性

IPv6 采用安全扩展报头，支持 IPv6 协议的节点可以自动支持 IPSec，使加密、验证和 VPN 的实施变得更加容易，这种嵌入式安全性配合 IPv6 的全球唯一性，使得 IPv6 能够提供端到端的安全服务。

⑧ 内置的移动性

IPv6 采用了路由扩展报头和目的地址扩展报头，使得 IPv6 提供了内置的移动性，IPv6 节点可任意改变在网络中的位置，但仍然保持现有的连接。

2．IPv6 的地址格式

IPv6 的 128 位地址被分成 8 段，每 16 位为一段，每段被转换为 4 个十六进制数，并用冒号将段与段之间隔开，这就是"冒号十六进制"表示法。格式如下：

X:X:X:X:X:X:X:X　　　（X 表示 4 个十六进制数）

例如，63AD:00D8:0000:3F40:70EB:CD9A:3E89:0010 就是一个完整的 IPv6 地址。

为了尽量缩短地址的书写长度，IPv6 地址可以采用压缩方式来表示，每段中的前导 0 可以去掉，多个 0 可以简写成一个 0。如 2001:0910:0000:45FE:0000:0080:3908:0001 可以压缩表示为 2001:910:0:45FE:0:80:3908:1，但段中的有效 0 不能被压缩，如上述地址不能被压缩为 2001:91:0:45FE:0:8:3908:1。

为了简化表示，IPv6 还可以进一步压缩，当地址中的一个或多个连续段的段内全为 0 时，可用双冒号"::"压缩表示，其中的::代表省略了一段或多段 0，如 2001:0000:0000:0001:FD08:0000:3890:ED80，可表示为 2001::1:FD08:0:3890:ED80 或 2001:0:0:1:FD08::3890:ED80。但需要注意的是，一个 IPv6 地址中最多只能有一个::，如上述地址不能表示为 2001::1:FD08::3890:ED80，因为地址中有多个::的话，会导致无法确定每个::到底代表了几个全 0 段。

3．IPv6 的地址构成

与 IPv4 不同，IPv6 地址没有 A、B、C 类等地址分类的概念，也取消了网络号、主机号和子网掩码的概念，代之以前缀、接口标识符、前缀长度，如图 3-8 所示。

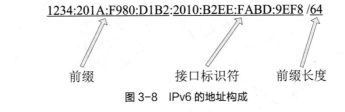

图 3-8　IPv6 的地址构成

- 前缀：标识了该地址属于哪个网络，其作用类似于 IPv4 地址中的网络位。IPv6 地址的前缀相同，表明它们属于同一网络。
- 接口标识符：标识了网络中的某一接口，作用类似于 IPv4 地址中的主机位。IPv6 地址中的接口标识符可以自动产生。
- 前缀长度：用于确定 IPv6 地址中哪一部分是前缀，哪一部分是接口标识符，作用类似于 IPv4 中的子网掩码。

例如，地址 2001:FE80:9870:CDFE:2003:4DC9:A78D:5BAC/64，/64 表示该地址的前缀长度是 64 位，即前缀占据 64 位，接口标识符占据 64（128−64）位，所以该地址的前缀是 2001:FE80:9870:CDFE，接口标识符是 2003:4DC9:A78D:5BAC。

三、任务实施

（一）任务分析

① 确定组网模式

对一般的小型公司而言，公司分布范围小且人员也不多，组网的主要目的是共享打印机及文件、聊天及共享上网等，一般不需要专门的服务器来做网络管理，安全性要求也不高，这种条件下，对等网络无疑是最佳选择。因此，本次组网选择对等网模式，它结构简单、投资小，网络管理工作量也较小。

　　② 网络中心设备选择

　　组建对等网可以使用交换机，也可以使用集线器（Hub）。集线器虽然价格较低，但由于其共享带宽、半双工操作、广播数据等缺点，使得其基本被淘汰，而交换机独占带宽，全双工通信且价格越来越便宜，成为当前局域网组网最常用的设备，所以本次选用交换机作为网络的中心设备。

（二）网络拓扑

　　局域网的拓扑结构有总线型、环型、星型、树型和混和型等，最常用的是总线型和星型拓扑结构。总线型拓扑结构是将所有计算机连接到一条公共线路（总线）上，其使用的传输介质是同轴电缆，线路上任一处发生故障将导致整个网络瘫痪。星型拓扑结构是指网络中的所有计算机都连接到一个中心设备上，由中心设备实现数据的传送及信息的交换。星型拓扑结构是当前局域网中最常见的一种结构，它使用双绞线呈放射状连接到各计算机，其结构简单、连接方便、扩展性强且不会发生单点故障，因而本次组网采用星型拓扑结构，其结构如图 3-9 所示。

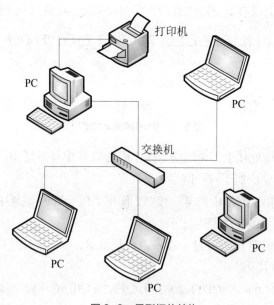

图 3-9　星型拓扑结构

（三）实验设备

　　① 安装 Windows 7 或 Windows Server 2008 系统的台式计算机或笔记本电脑数台

　　② 交换机 1 台

　　③ 含连接线的打印机 1 台（受条件所限没有打印机的话，也可以省略该设备）

　　④ 普通网线（双绞线）多条

（四）实施步骤

在实施之前，首先要确保台式计算机或笔记本电脑的有线网卡已经安装驱动程序并能正常工作，其步骤是：鼠标右击桌面上的"计算机"图标，弹出菜单中选择"属性"，在打开的系统窗口左侧单击"设备管理器"，在设备管理器中展开"网络适配器"，查看网卡前面是否有黄色感叹号或"×"，若有则表明网卡驱动程序没有正确安装，需要在随机光盘或网络上找到对应型号的网卡驱动程序并重新安装。

① 测试线缆

准备好的网线在使用前必须使用电缆测试仪进行测试，以保证其连通良好。

② 连接计算机

使用网线连接计算机和交换机时，网线的两端分别插入计算机的网卡和交换机的网络接口。连接完成后计算机网卡和交换机对应端口的指示灯均会亮起，如果不亮表示没有连通，请分析查找原因，有可能是网线有问题、水晶头没有插好或网卡本身故障。

③ 测试连通性

修改各台计算机的主机名称，并为其配置 IP 地址及子网掩码，然后从任意一台计算机上 ping 其他计算机，看能否顺利 ping 通，详细步骤不再赘述，可参考第 2 章的相关内容。但以下几点需要注意。

● 同一网络中的计算机名称不能相同，在修改主机名称后需要重启计算机方可生效。

● 各计算机的 IP 地址不能重复且必须在同一网段。

● 两台主机之间 ping 不通，除了硬件故障或线路不通外，还有可能是软件原因。目前，最常见的一种情况是两台主机之间本来是连通的，但由于主机上安装了杀毒软件或启用了防火墙，其默认设置会过滤 ICMP 数据包，这也会被告知主机无法到达或请求超时，出现这种情况时可以暂时关闭杀毒软件和防火墙再进行测试。

④ 连接打印机并安装驱动程序

使用打印机厂家附送的连接线将打印机连接到其中的一台计算机上，现在的打印机一般都是连接计算机的 USB 接口，可能还有少部分打印机连接的是台式计算机主机背面的 LPT 接口（并行端口）。连线完毕后，还必须在计算机上安装打印机驱动程序方可使用打印机，过程不再赘述（可参看随机说明书或随机光盘，打印机驱动程序一般也在随机光盘中）。

任务二　网络资源共享

一、任务背景描述

你所在的公司已经搭建好简单的有线对等网，网内各计算机均能正常工作，但这些计算机之间却是独立而没有任何联系的，你作为新任网络管理员，希望计算机之间可以进行一些资源共享，如文件共享、打印机共享、远程访问另一台计算机等，请在计算机上进行设置以达到相关目的。

二、相关知识

局域网中常见的资源共享包括文件夹共享、打印机共享、远程桌面、映射网络驱动器等。

① 共享文件夹：指某个计算机用来和其他计算机之间相互分享的文件夹，"共享"即"分享"的意思。一般来说，单个文件是不能直接共享的，必须先将文件放到一个文件夹中，然后将文件夹共享。当一个文件夹被共享后，其下所有的子文件及子文件夹也一同被共享。

② 打印机共享：是指将本地打印机通过网络共享给其他用户，这样其他用户也可以使用该打印机完成打印服务，打印机共享可以使局域网内的计算机共用一台打印机，而不必为每台计算机单独配备一台打印机。

需要注意的是，可在网络上共享的打印机有两种：本地打印机和网络打印机。本地打印机是指通过线缆连接在计算机主机上的打印机，本地打印机必须在计算机上设置共享后才可以供其他人使用，这种打印机对计算机具有极高的依赖性，如果所连接的计算机没有开机，别人将无法使用打印机。网络打印机不用连接计算机主机，直接通过网线连接到交换机上，它在网络中是独立的，具有自己的网络接口和 IP 地址，局域网中的所有计算机都可以通过 IP 地址来访问它。只要网络不中断，打印机本身不断电，网络打印机就可以随时供人使用。

③ 远程桌面：即远程登录，主要用来远程连接一台安装 Windows 系统的计算机。利用远程桌面，可以通过网络从一台计算机对另外一台计算机进行远程控制，即使远程主机处于无人值守状态。通过这种方式，用户可以使用远程计算机中的数据、应用程序和网络资源，就像坐在远程计算机面前直接操作一样。当然，远程主机必须开启"远程桌面"功能，并且需要提供具有相应权限的账户方可实现远程登录。

④ 映射网络驱动器：映射网络驱动器是实现磁盘共享的一种方法，它将局域网中的某个目录（文件夹）映射成本地驱动器，即把网络中其他主机上的共享文件夹映射成本机的一个磁盘，这样就可以将本机的数据保存在另外一台计算机上或者把另外一台计算机上的文件虚拟到本机上。映射网络驱动器后，本机的"计算机"中会多出一个盘符，可以像操作本地磁盘一样操作网络驱动器。如果用户需要经常访问网络中某一特定的共享资源，通过映射网络驱动器可以加快访问速度，节省时间。

三、任务实施

（一）任务分析

局域网中的文件夹共享、打印机共享、远程桌面、映射网络驱动器等都涉及到 Windows 用户管理，所以在进行上述操作时，可能首先需要在计算机上新建用户（账户）或启用相关的默认账户，并授予适当的权限方可完成共享操作。

（二）网络拓扑

同 3.1 小节，详见图 3-9。当然，在实验室环境中，为简化问题及减少设备的使用数量，本任务拓扑结构可进一步简化，如图 3-10 和图 3-11 所示。

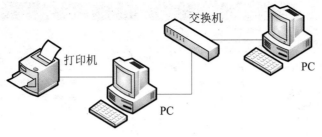

图 3-10　实验环境下的拓扑结构（一）

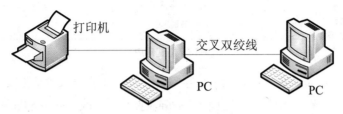

图 3-11　实验环境下的拓扑结构（二）

（三）实验设备

① 安装 Windows 7 或 Windows Server 2008 系统的台式计算机或笔记本电脑 2 台

② 交换机 1 台（若无交换机，两台计算机也可通过网卡直连）

③ 含连接线的打印机 1 台（受条件所限没有打印机的话，该设备也可省略）

④ 普通网线（双绞线）多条

（四）实施步骤

1．Windows 用户管理

（1）新建用户

在桌面右击"计算机"，弹出菜单中选择"管理"，打开计算机管理窗口，展开"本地用户和组"→"用户"，在右侧可以看到本机已经存在的默认账户，如"Administrator"和"Guest"等，如图 3-12 所示。

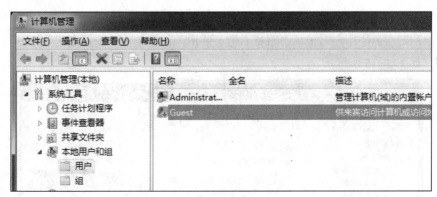

图 3-12　本地用户窗口

在"用户"右侧空白处单击鼠标右键，弹出菜单中单击"新用户"，开始新建用户，如图 3-13 所示。

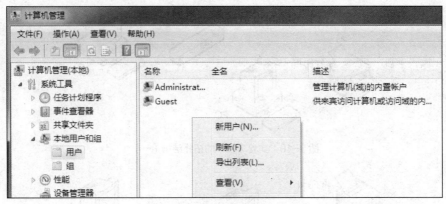

图 3-13　新建用户

　　输入新用户的名称及密码，可在用户属性中取消"用户下次登录时须更改密码"，并将"密码永不过期"勾上，否则系统会在一定期限之后强制要求你更改密码，如图 3-14 所示。单击"创建"按钮，一个新用户即创建成功。

图 3-14　输入用户名及密码

（2）修改用户密码

　　在"用户"右侧的用户名上单击鼠标右键，弹出菜单中单击"设置密码"，即可为用户设置新密码，如图 3-15 所示。

图 3-15　修改用户密码

（3）修改用户属性

在"用户"右侧的用户名上单击鼠标右键，弹出菜单中选择"属性"，即可修改用户属性，如是否禁用账户、是否允许用户更改密码等，若要将用户加入某个组中，可以单击"隶属于"选项卡，如图 3-16 所示。

图 3-16　修改用户属性

2．文件夹共享

在 Windows 7 中设置文件夹共享相对来说有些复杂，首先应确保两台计算机在同一工作组中且互相能够 ping 通。共享端和访问端的设置步骤如下。

（1）共享端

① 启用网络发现和文件共享功能

单击桌面任务栏右下角的网络连接图标（或右击桌面上的"网络"图标，在弹出菜单中选择"属性"），打开"网络和共享中心"，如图 3-17 所示。

图 3-17　网络和共享中心

单击左侧的"更改高级共享设置"，启用网络发现和文件及打印机共享，如图 3-18 所示。

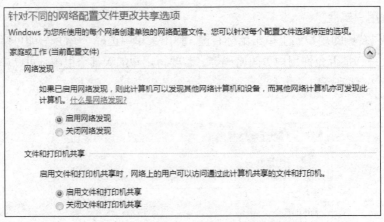

图 3-18　启用网络发现和文件及打印机共享

② 共享文件夹

在欲共享的文件夹上单击鼠标右键，选择"属性"→"共享"，如图 3-19 所示。

单击中部的"共享…"按钮，选择可访问共享文件夹的用户，此处选择"Everyone"并单击"添加"按钮，以便任何人均可以访问共享文件夹，如图 3-20 所示。单击下部的"共享"按钮，完成共享文件夹的设置。

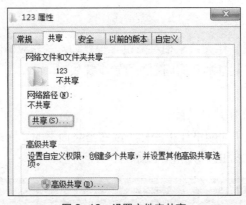

图 3-19　设置文件夹共享

当然，若要取消文件夹的共享，可在文件夹上右击，在弹出菜单中选择"共享"→"不共享"。

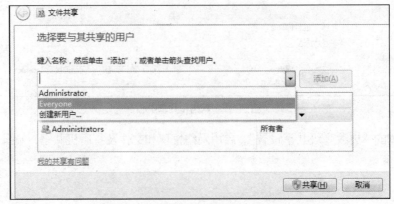

图 3-20　设置访问共享文件夹的用户

③ 启用 Guest 账号

为了使所有人均可以访问共享文件夹，在共享端的"用户"中，还需要启用 Guest 账户（Windows 7 系统默认禁用 Guest 账号），启用方法见前述"Windows 用户管理"。

（2）访问端

同时按 Windows+R 键，打开"运行"，在文本框内输入共享端的"\\IP 地址"或"\\计算机名称"，弹出登录认证对话框，如图 3-21 所示。输入一个共享端已有的账号（若同时勾选"记住我的凭据"，下次连接共享端时将无需手工输入用户名和密码），便可以访问共享文件夹，如图 3-22 所示。

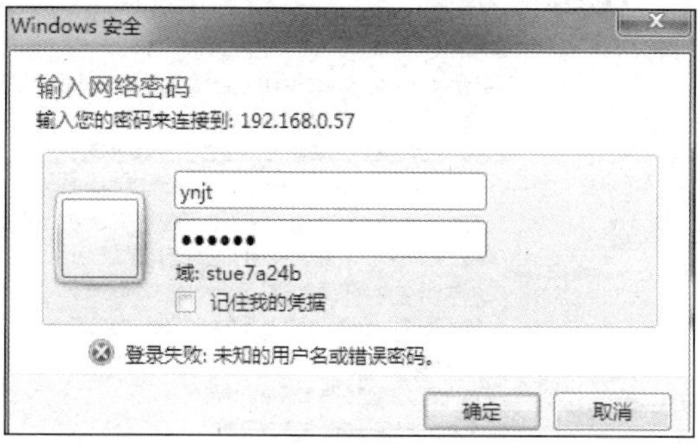

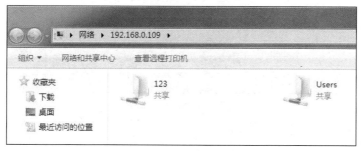

图 3-21　登录账号对话框

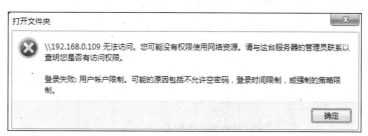

图 3-22　访问共享文件夹

当然，通过网络访问共享端时，有可能经常遇到如下无法访问的情形，如图 3-23 所示。

图 3-23　无法访问共享端

出现上述情形，是因为本地账户受对端（共享端）的安全策略限制所致。为了方便，很多时候我们登录 Windows 的账号（常见为"Administrator"）并没有设置密码，而没有密码的账户通过网络访问共享端便会受到限制。下面，我们回到共享端，进行一些安全方面的设置。

（3）共享端

① 修改安全策略

按 Windows+R 键，打开"运行"，输入命令"secpol.msc"，打开本地安全策略，如图 3-24 所示。依次展开"安全设置"→"本地策略"→"安全选项"，将右侧的选项"账户：使用空密码的本地账户只允许进行控制台登录"设置为已禁用（默认为开启），便可以解决上述空密码账户无法访问共享端的问题。

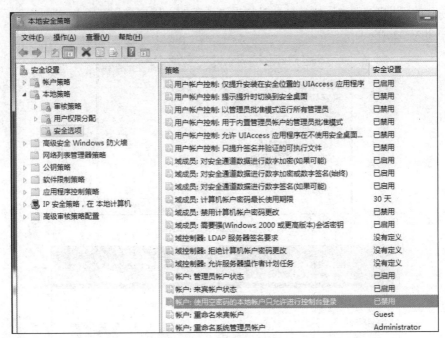

图 3-24　修改安全策略

② 共享权限设置

按照上述步骤设置文件夹共享后，用户在共享端仅有"读取"权限，即只能浏览与复制文件，但无法修改和删除文件。若要修改用户的共享权限，可在设置共享时，单击"高级共享"按钮（见图 3-19），弹出高级共享对话框，如图 3-25 所示。

图 3-25　高级共享

单击"权限"按钮，设置用户的共享权限，如图 3-26 所示。在权限设置的允许列勾选相应的项目便可更改用户的权限。

图 3-26　修改共享权限

　　若要增加其他可访问共享文件夹的用户，可单击"添加…"按钮进行增加，如图 3-27 所示。可以在"输入对象名称来选择"栏直接输入用户的名称，也可以通过单击下部"高级…"按钮浏览系统中已有的用户来进行添加。

图 3-27　增加共享用户

3. 打印机共享

（1）共享端

① 连接打印机并安装驱动程序

在进行打印机共享之前，首先应确保打印机已经连接到作为共享端的计算机上，并正确安装驱动程序，其方法可参看打印机的随机说明书或随机光盘。

当然，若没有准备打印机，也可以在计算机上安装一台虚拟打印机来完成本实验。其步骤是：单击"开始"菜单中的"设备和打印机"，打开"设备和打印机"窗口，单击上部的"添加打印机"，如图 3-28 所示。在后续步骤中选择"添加本地打印机"，打印机端口使用现有的端口，安装驱动程序时随意选择一家厂商的任意型号的打印机，系统便会自动安装驱动程序，从而完成虚拟打印机的安装。

图 3-28 设备和打印机

② 将打印机共享在网络上

为了便于其他人使用打印机，在共享之前请首先启用 Guest 账户，并在"网络和共享中心"→"更改高级共享设置"中启用网络发现和文件及打印机共享。

在"设备和打印机"中（见图 3-28）找到欲共享的打印机，在打印机图标上右击，选择"打印机属性"，切换到"共享"选项卡，如图 3-29 所示。在图中勾选"共享这台打印机"，并且给打印机设置一个共享名，打印机即被共享在网络上。

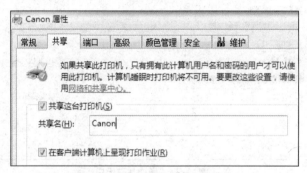

图 3-29 将打印机共享在网络上

（2）访问端

在"设备和打印机"中，单击上部的"添加打印机"，弹出添加打印机对话框，选择"添加网络、无线或 Bluetooth 打印机"，如图 3-30 所示。

图 3-30 添加打印机

计算机开始自动搜索网络上可用的打印机，若成功搜索到打印机，会以列表显示出来，如图 3-31 所示。

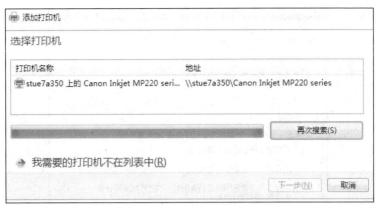

图 3-31　搜索到网络打印机

选择已搜索到的网络打印机，单击"下一步"，开始下载并安装打印机驱动程序，如图 3-32 所示。

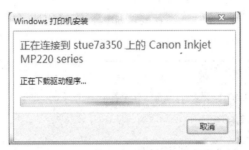

图 3-32　下载并安装打印机驱动程序

驱动程序安装完毕后，网络打印机便被添加到本地，从打印机的名称上我们可以看出这台打印机所处的位置，如图 3-33 所示。

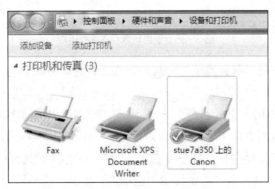

图 3-33　成功添加网络打印机

4．远程桌面连接

（1）服务器端

在桌面"计算机"图标上右击，弹出菜单中选择"属性"，打开系统属性窗口，单击窗口左侧的"远程设置",打开远程设置对话框,在窗口中部的"远程桌面"中选择"允许运行任意版本远程桌面的计算机连接",从而开启远程桌面功能,如图 3-34 所示。

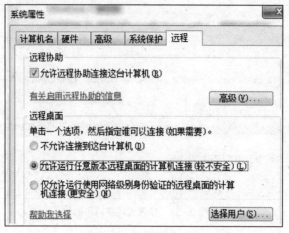

图 3-34　远程桌面设置

在上图中单击"选择用户…"按钮,弹出远程桌面用户对话框,对话框列出了可连接到这台计算机的用户,如图 3-35 所示。若要增加远程连接用户,可单击"添加…"按钮进行添加。

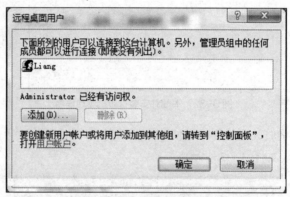

图 3-35　设置可远程连接的用户

依次执行上述步骤后,服务器端的远程桌面连接设置即完成。

(2)客户端

依次单击开始菜单中的"所有程序"→"附件"→"远程桌面连接",打开远程桌面连接窗口,输入欲连接的远程主机(服务器)的 IP 地址,如图 3-36 所示。

若要在远程主机和本地主机之间复制数据,可将本地主机的硬盘映射到远程主机上,单击下部的"选项",然后切换到"本地资源"选项卡,单击"详细信息",选择欲映射的磁盘,如图 3-37 所示。这样一来,远程登录成功后,远程主机上便会多出几个分区来。

图 3-36　远程桌面连接

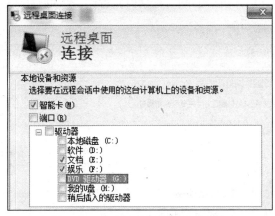

图 3-37　将本地磁盘映射到远程主机

单击"连接"，会询问你是否信任该远程连接，确认后弹出登录认证对话框，如图 3-38 所示，若勾选"记住我的凭据"，再次远程登录时将无需手工输入用户名和密码。

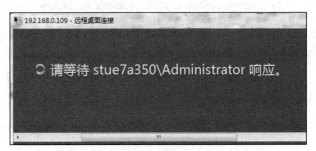

图 3-38　远程登录认证

输入正确的用户名和密码后，开始连接远程主机，弹出安全证书存在问题的警告，确认继续连接后，便可以从客户端远程连接到服务器，如图 3-39 所示。

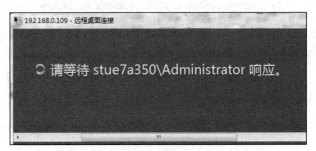

图 3-39　远程登录成功

5．映射网络驱动器

（1）服务器端

将某一文件夹共享，并设置共享用户及相应的共享权限，操作步骤详见前述"文件夹共享"。

（2）客户端

在桌面上双击"计算机"图标，打开"计算机"窗口，单击窗口上部的"映射网络驱动器"，弹出映射网络驱动器窗口，如图3-40所示。在"驱动器"下拉列表中为网络驱动器设置一个盘符（默认为"Z"）。图中选项"登录时重新连接"的含义是当下一次重启客户端计算机时，系统会自动连接之前设置好的网络驱动器，否则每次重启系统后，都要手工映射网络驱动器。

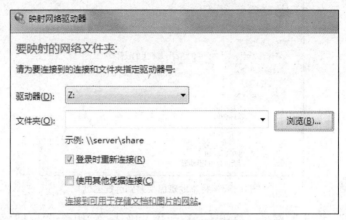

图3-40　映射网络驱动器

单击上图中的"浏览…"按钮，计算机会自动列出同一网络中的计算机名称，单击作为服务器的计算机，输入有权访问服务器的账号（根据不同情况，有可能无需账号），找到欲映射的共享文件夹，如图3-41所示。

图3-41　选择映射的共享文件夹

单击"确定"按钮，回到图3-40，再单击"完成"，映射网络驱动器完成。

打开"计算机"，可以看到"网络位置"下多了一个驱动器，表明网络驱动器映射成功，如图3-42所示。双击网络驱动器，就可以像访问本地磁盘一样直接访问网络共享资源了。

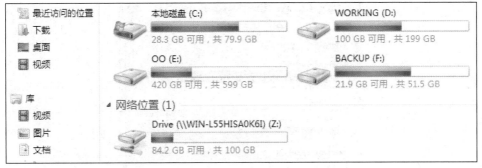

图 3-42　网络驱动器

当然，若想取消映射，可在网络驱动器上鼠标右键单击，弹出菜单中选择"断开"，即断开网络驱动器的映射。

四、拓展知识

共享权限与 NTFS 权限

（1）共享权限：共享权限只对从网络访问该文件夹的用户有效，而对于从本机登录的用户无效。共享权限只有三种：完全控制、更改、读取，如图 3-43 所示。

图 3-43　共享权限

（2）NTFS 权限：NTFS 权限（或称"安全权限"）对从网络访问和本机登录的用户均有效，只有 NTFS 格式的分区才会有 NTFS 权限。要查看 NTFS 权限，可在文件夹上单击鼠标右键，选择"属性"，然后切换到"安全"选项卡，如图 3-44 所示。NTFS 权限包括完全控制、修改、读取和执行、列出文件夹目录、读取、写入以及特别权限等，每种权限都有"允许"和"拒绝"两种选项。

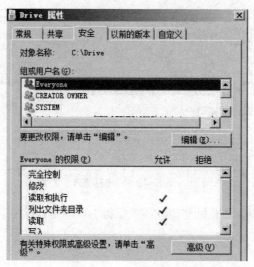

图 3-44　NTFS 权限

（3）共享权限和 NTFS 权限的区别

① 共享权限与文件系统无关，只要设置共享就能够应用共享权限；NTFS 权限必须是 NTFS 文件系统，FAT32 文件系统没有 NTFS 权限。

② 共享权限是基于文件夹的，即只能够在文件夹上设置共享权限，不能在文件上设置共享权限；NTFS 权限是基于文件的，既可以在文件夹上也可以在文件上设置 NTFS 权限。

③ 当某一用户通过网络访问共享文件夹，而这个文件夹又在 NTFS 分区上，那么共享权限和 NTFS 权限会同时对该用户起作用，其最终有效权限是它对该文件夹的共享权限与 NTFS 权限中最为严格的权限（即两种权限的交集）。

思考与练习

一、单选题

1. 10BASE-T 标准使用的是哪一种传输介质？（　　）

A. 细同轴电缆　　　　　B. 粗同轴电缆　　　　　C. 双绞线　　　　　D. 光纤

2. 关于对等网的特点描述中，哪个说法是错误的？（　　）

　A. 组网容易、建网成本低　　　　　　　　B. 网络中没有专门的服务器

C. 便于文件集中管理，数据安全性高　　　　D. 网络中的计算机数量比较少

3. 对 C 类 IP 地址 192.168.123.77 而言，其对应的广播地址是哪个？（　　）

A. 192.168.123.1　　　　　　　　　　　B. 192.168.123.0

C. 192.168.123.255　　　　　　　　　　D. 192.168.255.255

4. 某主机的 IP 地址为 130.25.3.135，子网掩码为 255.255.255.192，那么该主机所在的子网的网络地址是哪个？（　　）

A. 130.25.0.0　　　　B. 130.25.3.0　　　　C. 130.25.3.128　　D. 130.25.3.64

5. 对一个 B 类网段进行子网划分，如果子网掩码是 19 位，那么能够划分的子网个数是多少？（　　）

A. 2^3-2 B. 2^{19} C. 2^{13} D. 2^3

6. 对一个 C 类网段进行子网划分，如果子网掩码是 28 位，那么每个子网能够容纳的主机数是多少？（　　）

A. 2^{28} B. 2^4 C. $2^{28}-2$ D. 2^4-2

7. 当计算机无法动态获取到 IP 地址时，系统会自动为其分配一个以（　　）开头的临时 IP？

A. 192.168   B. 172.16   C. 10.0   D. 169.254

8. IPv4 地址包含网络部分、主机部分、子网掩码等概念，IPv6 地址中与之相对应的概念是以下哪个选项？（　　）

A. 网络部分、主机部分、网络长度   B. 前缀、接口标识符、前缀长度

C. 前缀、接口标识符、网络长度   D. 网络部分、主机部分、前缀长度

二、多选题

1. 局域网技术主要对应 OSI 参考模型的哪两层？（　　）

A. 物理层   B. 数据链路层   C. 网络层   D. 传输层   E. 应用层

2. 某网络管理员需要设置一个子网掩码将 C 类网络号 211.110.10.0 划分为最少 10 个子网，那么可以采用多少位的子网掩码进行划分？（　　）

A. 25   B. 26   C. 27   D. 28   E. 29

3. 以下哪些 IP 地址属于私有地址？（　　）

A. 192.168.0.1   B. 10.1.1.1   C. 172.15.0.1   D. 172.16.10.64   E. 224.0.0.5

4. 关于 IPv6 地址 2001:0410:0000:0001:0000:0000:0000:45FF 的压缩表达方式，下列哪些是正确的？（　　）

A. 2001:410:0:1:0:0:0:45FF   B. 2001:41:0:1:0:0:0:45FF

C. 2001:410:0:1::45FF   D. 2001:410::1:45FF

三、简答题

1. 简述对等网有哪些优缺点？

2. 简述在局域网内如何实现文件夹共享并进行权限控制？

四、计算题

现有一个 C 类网络号 192.168.1.0/24，需要将此地址段划分成多个子网供 6 个不同的部门使用（即每个部门占用一个子网）。请计算：

① 至少需要划分成多少个子网方可满足要求？

② 每一个子网可以容纳多少台主机，子网掩码是多少？

③ 分别列出前两个子网的子网地址（子网号）、广播地址（广播号）及可用 IP 地址的范围。

PART 4

项目四
配置和管理网络

随着计算机网络的发展，越来越多的企业和组织机构需要建立自己的服务器来运行网络应用。为了更好地提供各种应用需求和管理网络中的软硬件资源，网络操作系统作为整个网络的灵魂，发挥着不可替代的重要作用。网络操作系统提供了网络操作过程的协议和行为准则，没有网络操作系统，计算机网络就无法正常工作。

在选择网络操作系统时，要从它对当前网络的适应性和总体性能方面考虑，包括系统效率、可靠性、安全性、可维护性、可扩展性、管理的简单方便性及应用前景等。

通过本项目的学习，应达到以下目标。

知识目标

（1）了解网络操作系统的定义、特点及常见的网络操作系统。

（2）了解 Windows Server 2008 操作系统的特点、版本及安装要求。

（3）了解 DHCP 服务的概念和工作原理。

（4）了解 DNS 服务的概念和工作原理。

（5）了解 IIS 的基本概念和 Web 服务的工作原理。

（6）了解 FTP 服务的概念和工作原理。

技能目标

（1）掌握 Windows Server 2008 的安装方法。

（2）掌握 DHCP 服务器的安装和配置方法。

（3）掌握 DNS 服务器的安装和配置方法。

（4）掌握 Web 服务器的安装和配置方法。

（5）掌握 FTP 服务器的安装和配置方法。

任务一　安装 Windows Server 2008 网络操作系统

一、任务背景描述

　　ABC 公司近几年的业务迅速发展，随着公司业务的拓展和规模的不断扩大，对网络的需求也不断提高，公司希望有自己的计算机网络系统实现内部计算机之间的通信、资源共享等，但原有的对等网络模式已经不能满足当前的网络需求，公司希望以客户机/服务器的网络模式更好地实现计算机系统之间的信息、软件和设备资源的共享以及协同工作等。为此，公司首先需要选择合适的网络操作系统并搭建服务器。

二、相关知识

（一）网络操作系统概述

1. 网络操作系统的定义

　　网络操作系统是网络用户与计算机网络之间的接口，其任务是支持网络的通信及资源共享，网络用户则通过网络操作系统来请求网络服务。

　　在整个计算机网络中，网络操作系统能够完成任务管理、资源的管理与任务分配等功能。网络操作系统能够通过各种服务的应用，帮助用户对网络资源进行有效地利用和开发，对网络中的设备进行存取访问。同时，网络操作系统还支持各用户间的通信。

2. 网络操作系统的特点

　　网络操作系统的功能相当强大，概括起来主要有以下特点。

　　（1）网络操作系统具有操作系统的特征，如支持处理机、协议、自动硬件检测以及应用程序的多重处理。

　　（2）网络操作系统允许在不同的硬件平台上安装和使用，能够支持各种网络协议和网络服务。

　　（3）网络操作系统提供必要的网络连接支持，能够连接两个不同的网络。此外，网络操作系统还支持用户管理，可以为用户提供登录和退出网络、远程访问、系统管理以及图形接口等管理服务。

　　（4）网络操作系统提供多用户协同工作的支持，是具有多种网络设置、管理的工具软件，能够方便地完成网络管理。

　　（5）网络操作系统安全性很高，能够进行系统安全性保护和各类用户的存取权限控制。同时，网络操作系统有很高的聚集能力和容错能力。

（二）常见网络操作系统

网络操作系统是网络管理的核心软件，目前得到广泛应用的网络操作系统有 UNIX、Linux、NetWare、Windows NT Server、Windows 2000 Server、Windows Server 2003 和 Windows Server 2008 等。

1．UNIX

UNIX 操作系统是一个通用的、交互作用的分时系统，以其良好的网络管理功能而著称。目前，UNIX 网络操作系统的版本主要有 AT&T 和 SCO 的 UNIXSVR4.0、UNIXSVR4.2 等。UNIX 系统多用于大型的网站或大型企事业的局域网，因为它提供了最完善的 TCP/IP 协议支持，而且非常稳定和安全。

2．Linux

开放源代码是 Linux 操作系统的主要特点。它提供了一个稳定、完整、多用户、多任务和多进程的运行环境。它内置网络支持，能和其他的操作系统无缝连接，网络效能速度最快，支持多种文件系统。目前，Linux 操作系统主要应用于中、高档服务器中。

3．NetWare

NetWare 是 Novell 公司推出的网络操作系统，是第一个实现计算机之间文件共享的非 UNIX 的网络操作系统，其最重要的特征是基于基本模块设计思想的开放式系统结构，可以方便地对其进行扩充。NetWare 能够提供从基本的文件和打印共享到高质量的安全服务、万维网以及应用程序服务。支持多种网络拓扑结构，具有较强的容错能力。作为一个开放的网络服务器平台，可方便地对其进行扩充，并且对不同的工作平台（如 DOS、OS/2、Macintosh 等）、不同的网络协议环境如 TCP/IP 以及各种工作站操作系统提供一致的服务，这是其他操作系统无法比拟的。它还可以灵活地增加自选的扩充服务（如替补备份、数据库、电子邮件以及记账等）。

4．Windows Server

Windows Server 操作系统是微软公司开发的，在中小型局域网配置中最常见的网络操作系统。微软的网络操作系统主要有如下几种。

（1）Windows NT Server

Windows NT 从一开始就几乎成为中小型企业局域网的标准操作系统，是发展最快的一种操作系统。它采用多任务、多流程操作及多处理器系统（SMP）。在 SMP 系统中，工作量比较均匀地分布在各个 CPU 上，提供了极佳的系统性能。

（2）Windows 2000 Server

Windows 2000 Server 是 Windows 2000 服务器版本，面向小型企业的服务器领域。每台机器上最多支持 4 个处理器；最低支持 128MB 内存，最高支持 4GB 内存。Windows 2000 Server 具有良好的可操作性、安全性等特点，使之一面世便成为了操作系统与 Web、应用程序、网络、通讯和基础设施服务之间良好集成的一个新标准。

（3）Windows Server 2003

Windows Server 2003 操作系统是微软在 Windows 2000 Server 基础上于 2003 年 4 月正式推出的新一代网络服务器操作系统,它大量继承了 Windows XP 的友好操作性和 Windows 2000 Server 的网络特性，具有更高的安全性、可靠性等性能，提高了硬件的支持能力，能提供更好的网络服务，是中小型网络应用服务器的首选。

（4）Windows Server 2008

Windows Server 2008 是微软于 2008 年 2 月发布的服务器操作系统。它继承了 Windows Server 2003 的良好服务功能,在很多方面表现出了更大的优势,据专家测试结果显示,Windows Server 2008 的传输速度比 Windows Server 2003 快 45 倍。同时还引进了多项新技术,如虚拟化应用、网络负载均衡、网络安全服务等。

（三）Windows Server 2008 操作系统概述

Windows Server 2008 是微软推出的基于 Windows NT 技术开发的新一代网络操作系统，它继承了 Windows Server 2003 的稳定性和 Windows XP 的易用性，并提供了更好的硬件支持和更强大的功能。

1. Windows Server 2008 的新特性

（1）虚拟化：通过 Windows Server 2008 内置的服务器技术，可以在单个服务器上虚拟 Windows 、Linux、Unix 等多个操作系统，并与现在的环境互操作，利用更加简单、灵活的授权策略，可以节省成本、提高硬件使用率、优化基础结构并提高服务器的可用性。

（2）服务器核心（Server Core）：Windows Server 2008 提供了 Server Core 功能，这是一个不包含服务器图形用户界面的操作系统，和 Linux、Unix 操作系统一样，只安装必要的服务和应用程序，只提供基本的服务器功能。由于服务器上安装和运行的程序和组件较少，暴露在网络上的攻击面也较少。因此，Windows Server 2008 较其他操作系统安全性更好，通常只需要较少的维护和更新。

（3）IIS 7.0：Windows Server 2008 操作系统绑定了 IIS7.0，相对 IIS6.0 而言，是最具飞跃性的升级产品，通过委派管理、增强的安全性和缩小的攻击面、Web 服务的集成应用程序以及改进的管理工具等关键功能，提高了安全性和管理性，极大地优化了网络管理。

（4）只读域控制器（RODC）：Windows Server 2008 提供了一种新类型的域控制器，可以在控制器安全性无法保证的位置轻松部署域控制器，降低了在无法保证物理安全的远程位置（如分支结构）中部署域控制器的风险。只读域控制器维护 Active Directory 目录服务数据库的只读副本，通过将数据库副本放置在更接近分支结构的地方，使用户可以更快地登录，即使在没有足够物理安全部署的环境，也能有效访问网络上的资源。

（5）网络访问保护（NAP）：可以允许管理员自定义网络需求，并限制不符合这些要求的计算机访问网络。NAP 强制执行管理员定义的正常运行策略，这些策略包括连接网络的计算机软件要求、安全更新要求和所需的配置设置等内容。

（6）Windows 防火墙高级安全功能：Windows 防火墙可以根据其配置和当前运行的应用程序来允许或阻止网络通信，从而保护网络免遭恶意用户和程序的入侵，而且这个功能是双向的，即可以同时对传入和传出的通信进行拦截。在 Windows Server 2008 中已经配置好了系统防火墙专用的 MMC 控制管理单元，可以通过远程桌面或终端服务实现远程管理和控制。

（7）BitLocker 驱动器加密：BitLocker 驱动器加密是 Windows Server 2008 中一个重要的新功能，可以保护服务器、工作站和移动计算机。BitLocker 可以对磁盘驱动器的内容加密，防止未经授权的用户绕过文件系统和系统保护，或者对存储在受保护驱动器上的文件进行脱机查看。

（8）下一代加密技术（Cryptography Next Generation，CNG）：CNG 提供了灵活的加密开发平台，允许 IT 专业人员在与加密相关的应用程序（如 Active Directory 证书服务、安全套接字层 SSL 和 Internet 协议安全 IPSec）中创建、更新和使用自定义的加密算法。

（9）增强的终端服务：Windows Server 2008 的终端服务包含新增的核心功能，改善了最终用户连接到 Windows Server 2008 终端服务器时的体验。Terminal Services RemoteApp 将终端服务器上运行的应用程序与用户桌面完全集成，允许远程用户访问在本地计算机硬盘上运行的应用程序。

2．Windows Server 2008 的版本

Windows Server 2008 分为 32 位和 64 位两种类型。每种类型又发行了多个版本，以支持各种规模的企业对服务器不断变化的需求，常见的有以下四个版本。

（1）Windows Server 2008 Standard（标准版）

Windows Server 2008 Standard 是迄今最稳固的 Windows Server 操作系统，其内置的强化 Web 和虚拟化功能，是专为增加服务器基础架构的可靠性和弹性而设计，同时也可以节省时间及降低成本。利用其功能强大的工具，让用户拥有更好的服务器控制能力，并简化了设定和管理的工作。而增强的安全性功能则可强化操作系统，以协助保护数据和网络，为企业提供扎实且可高度信赖的安全基础。

（2）Windows Server 2008 Enterprise（企业版）

Windows Server 2008 Enterprise 可提供企业级的平台，部署企业关键应用。其所具备的群集和热添加（Hot-Add）处理器功能，可协助改善可用性。而整合的身份管理功能，可协助改善安全性，利用虚拟化授权权限整合应用程序，可减少基础架构的成本，因此 Windows Server 2008 Enterprise 能为高度动态、可扩充的 IT 基础架构提供良好的基础。

（3）Windows Server 2008 Datacenter（数据中心版）

Windows Server 2008 Datacenter 所提供的企业级平台，可在小型和大型服务器上部署企业关键应用及大规模的虚拟化。其所具备的群集和动态硬件分割功能，可改善可用性，而通过无限制的虚拟化许可授权来巩固应用可减少基础架构的成本。此外，此版本可支持 2 到 64 颗处理器。

（4）Windows Web Server 2008 （Web 版）

Windows Web Server 2008 是特别为单一用途 Web 服务器而设计的系统，而且是建立在下一代 Windows Server 2008 的 Web 基础架构功能的基础上的系统。整合了重新设计架构的 IIS 7.0、ASP .NET 和 Microsoft .NET Framework，以便提供任何企业快速部署网页、网站、Web 应用程序和 Web 服务。

三、任务实施

（一）任务分析

Windows Server 2008 是专为强化下一代网络、应用程序和 Web 服务的功能而设计，是有史以来最先进的 Windows Server 操作系统。它有多种版本，以满足各种规模的企业对服务器的不同需求，其中的标准版面向中小企业，企业版面向大型企业。如果企业只有一台服务器，使用标准版就够了，但考虑到公司刚刚购置了一批高性能的服务器，今后可能会进行服务务和性能的扩充，故本次在服务器上选择安装 Windows Server 2008 Enterprise（企业版），该版本功能强、扩展性好，是大多数企业最常用的版本。

1. Windows Server 2008 的安装要求

① 处理器：最低 1.0GHz（x86）或 1.4GHz（x64），推荐 2.0GHz 或更高。

② 内存：最低 512MB，推荐 2GB 或更高。

③ 硬盘：可用磁盘空间最少 10GB，推荐 40GB 或更多。

④ 显示器：至少 SVGA 800×600 分辨率或更高。

⑤ 如果要从光盘安装系统，光驱要求 DVD-ROM。

2. 安装方式

① 全新安装：目前，大部分计算机都支持从光盘启动，通过设置 BIOS 从 CD-ROM 或 DVD-ROM 启动，便可以直接从 Windows Server 2008 安装光盘启动计算机来安装系统。当然，也可以先将安装文件复制到硬盘中再进行安装，这样安装速度会更快一些。

② 升级安装：如果计算机原来装的是 Windows Server 2003 等操作系统，则可以直接升级成 Windows Server 2008。此时，不用卸载原来的系统，只要在原来的系统基础上进行升级安装即可。升级安装后可以保留原来的配置，大大减少对原系统的重新配置时间。

③ 网络安装：Windows Server 2008 支持通过网络从 Windows 部署服务器远程安装，并且可以通过应答文件实现自动安装。

（二）实验设备

本任务使用普通计算机代替服务器来进行实验，故要求实验计算机的配置要稍微高一点，建议硬件配置的最低要求为处理器 2.0GHz、内存 2GB、硬盘空闲空间 30GB。

（三）实施步骤

本任务采用全新安装方式，利用光驱直接从 Windows Server 2008 光盘中启动安装。

（1）将 Windows Server 2008 安装光盘放入光驱，然后在 BIOS 中更改启动顺序，将计算机的第一启动设备更改为 CD-ROM，重启计算机后系统开始读取光盘信息并加载文件，随后进入安装向导，显示"安装 Windows"窗口，如图 4-1 所示。此页面可设置安装语言、时间及货币格式、键盘布局等选项，一般情况下使用默认值即可。直接单击"下一步"，出现"现在安装"页面，如图 4-2 所示。

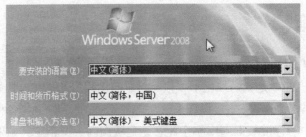

图 4-1 设置语言、时间及货币格式等选项

图 4-2 "现在安装"窗口

（2）在"选择要安装的操作系统"页面中，选择欲安装的操作系统版本，如图 4-3 所示。此处我们选 "Windows Server 2008 Enterprise（完全安装）"。

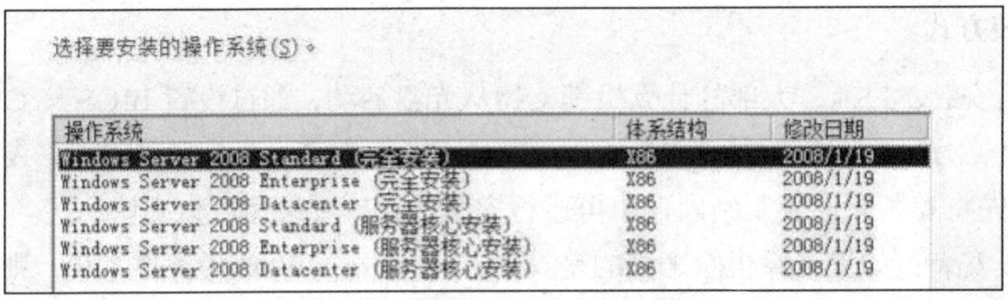

图 4-3 选择安装的操作系统版本

（3）在"请阅读许可条款"页面中，选择"我接受许可条款"，如图 4-4 所示。

图 4-4 许可条款

（4）在"您想进行何种类型的安装"页面中，选择安装类型，如图 4-5 所示。若是从旧版本升级到 Window Server 2008，选择"升级"安装，此种方式会保留原系统的程序和设置；若是全新安装，请选择"自定义"，此处我们选择后者。

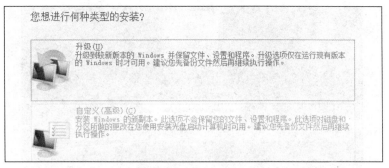
图 4-5 选择安装类型

（5）在"您想将 Windows 安装在何处"页面中，选择要安装 Windows Server 2008 的磁盘和分区，如图 4-6 所示。操作系统一般需要安装在主分区上，若需要调整磁盘分区大小，可通过下部的"删除""新建"等按钮重新创建分区。

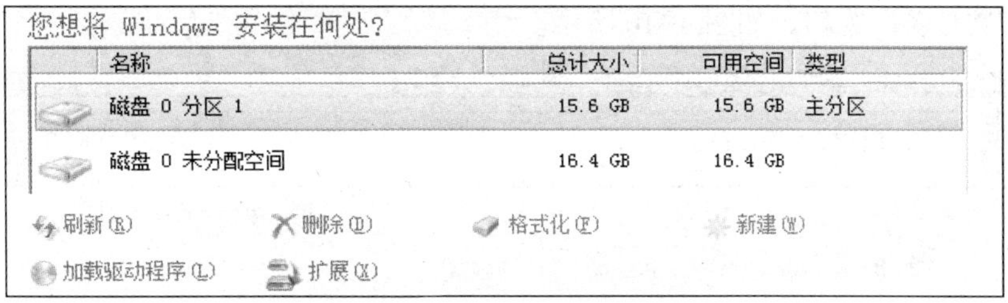

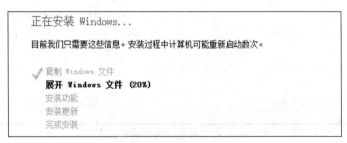
图 4-6　选择操作系统的安装位置

（6）系统开始进行安装，并提示安装程序的进度，如图 4-7 所示。在安装过程中，计算机会重新启动三次。

图 4-7　安装进度

（7）在第二次重启并首次登录系统之前，计算机会提示更改 Administrator 账户的密码，单击"确定"按钮即可设置用户的新密码，如图 4-8 和图 4-9 所示。密码必须使用大写字母、小写字母、数字和特殊符号中至少三类字符的组合。

图 4-8　更改密码提示

图 4-9　更改管理员的密码

（8）Administrator 的密码设置完成后，计算机再次重启，然后出现登录界面，同时按住
Ctrl+Alt+Delete 组合键，输入用户名和密码，系统进入欢迎界面，开始准备桌面，并自动打
开"初始配置任务"窗口，如图 4-10 所示。

图 4-10　"初始配置任务"界面

（9）激活系统。在桌面"计算机"图标上右击，弹出菜单中选择"属性"，打开"系统"
窗口，单击下部"Window 激活"栏中的连接，输入购买的产品密钥，便可以激活 Windows
系统，如图 4-11 所示。

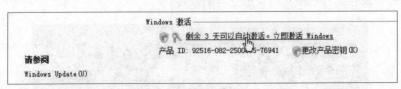

图 4-11　激活 Windows

（10）配置 IP 地址。作为一台服务器，其 IP 地址必须是静态的，这对于初学者是很容易
忽略的问题，所以，建议第一次进入系统后设置 IP 地址，如图 4-12 所示。

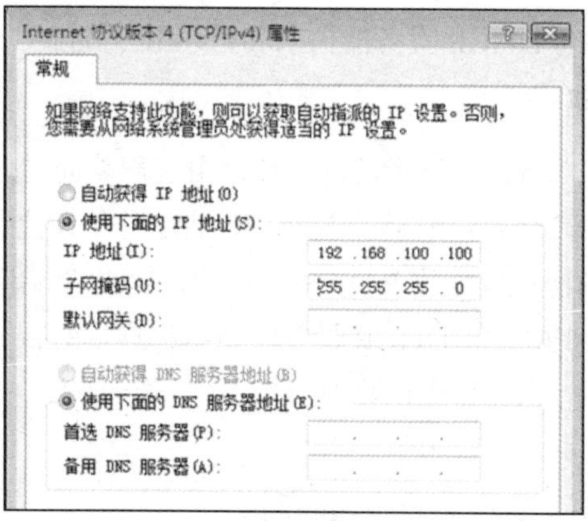

图 4-12　配置服务器的 IP 地址

任务二　配置 Windows Server 2008 服务器

一、任务背景描述

通过对现有网络的分析，公司现在面临的问题是：需要连接网络的设备数量越来越多，还有不少移动设备，没有办法再通过手工的方式配置静态 IP 地址；为了宣传公司形象、开拓网络市场，公司需要有自己的网站 http//:www.abc.com；随着业务量的剧增，公司内部希望能有一个高速可靠的资源共享平台。根据以上需求可知，原有的对等网络模式已经不能适应公司的要求和业务的发展，为了满足公司当前的需求，决定采用客户端/服务器的网络模式，即 C/S 模式。在 C/S 网络中，由服务器专门提供各种网络服务，客户机通过向服务器发出请求获取服务。使用 C/S 网络模式可以减少网络中数据的流量，降低计算机之间通信的频率，大大提高计算机之间的通信效率，同时可以把应用程序同服务器和客户端处理的数据隔离，提高了数据的安全性。经过分析，Windows Server 2008 操作系统可以提供公司所需的各种网络服务，满足其网络发展需求。

二、相关知识

（一）DHCP 服务

一台计算机要接入到 Internet，必须具备 IP 地址、子网掩码、网关、DNS 服务器等 TCP/IP 协议参数，这些参数可由管理员手工设置。但是，假如计算机数量比较多，TCP/IP 参数设置任务量就非常大，而且可能导致设置错误或者 IP 冲突。采用 DHCP 服务器来自动分配 TCP/IP 参数，可以大大减轻管理员的劳动强度，并且确保每台计算机能够得到一个合适的不会冲突的 IP 地址。

DHCP 即动态主机配置协议（Dynamic Host Configuration Protocol），它提供主机 IP 地址的动态租用配置、并将其他配置参数（如默认网关、DNS 服务器等）分发给合法的网络客户端。DHCP 提供了安全、可靠、简便的 TCP/IP 网络配置，并能有效避免地址冲突。DHCP 使用客户端/服务器模式，通过这种模式，DHCP 服务器可以集中管理 IP 地址的使用，而支持 DHCP 的客户端就可以向 DHCP 服务器请求和租用 IP 地址。

1. DHCP 的工作原理

DHCP 工作时要求客户端和服务器进行交互，由客户端通过广播方式向服务器发起申请 IP 地址的请求，然后由服务器给客户端分配一个 IP 地址以及其他配置参数。DHCP 服务器和客户端使用 UDP 作为传输协议，使用 UDP 67 和 UDP 68 两个端口号。从客户端到达 DHCP 服务器的报文使用目的端口 67；从 DHCP 服务器到达客户端的报文使用目的端口 68。DHCP 的工作流程分为以下 6 个阶段，如图 4-13 所示。

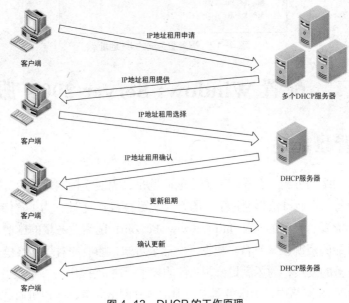

图 4-13　DHCP 的工作原理

（1）IP 地址租用申请：当 DHCP 客户端接入网络后发现自己没有 IP 地址，便会自动进行 IP 地址申请。此时由于客户端并不知道 DHCP 服务器的 IP 地址，它便使用广播方式发送 DHCP 请求报文，广播报文中包括了客户端的硬件地址（MAC 地址），以方便 DHCP 服务器向客户端回复消息。

（2）IP 地址租用提供：当接收到 DHCP 客户端的广播报文之后，网络中的所有 DHCP 服务器均会作出响应，从自己尚未分配出去的 IP 地址中挑选出一个合适的 IP 地址，并将此 IP 地址连同子网掩码、网关、租用期限等信息，按照先前 DHCP 客户端提供的 MAC 地址发回给客户端。因此，在这个过程中 DHCP 客户端可能会收到多个 IP 地址提供信息。

（3）IP 地址租用选择：由于客户端可能会接收到多个 DHCP 服务器发回的 IP 地址提供信息，客户端将从中选择一个 IP 地址（一般是选择最先收到的 IP 地址），同时拒绝其他 DHCP 服务器提供的 IP 地址。然后，客户端将以广播方式向它选中的 DHCP 服务器发送租用选择报文。之所以要以广播方式发送报文，是为了通知所有的 DHCP 服务器，它将选择某台服务器提供的 IP 地址，以便其他服务器收回向它提供的 IP 地址。

（4）IP 地址租用确认：被选中的 DHCP 服务器收到客户端的选择信息后将向其回应一个租用确认报文，将这个 IP 地址真正分配给客户端。客户端就可以使用这个 IP 地址及其他参数来设置自己的网络配置信息。

（5）更新租期：DHCP 服务器分配给客户端的 IP 地址是有一定租期的，若租期到达，服务器将回收这个 IP 地址，并将其重新分配给其他客户端。因此每个客户端应该提前续租它已经使用的 IP 地址，DHCP 服务器将回应客户端的请求并更新 IP 地址的租期。一旦服务器返回不能续租的信息，那么 DHCP 客户端只能在租期到达时放弃原来的 IP 地址，重新申请一个新 IP 地址。

当使用 IP 地址的时间到达租期的 50% 时，客户端将以单播方式向服务器发送请求报文，请求服务器对租期进行更新。当服务器同意续租时，便回应确认报文，客户端将获得新的租期；若没有收到服务器的回应，客户端将每隔一段时间重新发送续租请求报文。当到达租期的 87.5% 时，若客户端仍然没有收到服务器的回应，客户端将改用广播方式发送请求报文。如果一直到租期到期，DHCP 客户端始终没有收到服务器的回应报文，那么客户端将被迫放弃所使用的 IP 地址。

（6）释放 IP 地址：客户端可以主动释放自己的 IP 地址，但也可以不释放，也不续租，等待租期到达而释放占用的 IP 地址资源。

2．安装和配置 DHCP 服务

（1）安装 DHCP 服务

① 添加 DHCP 服务器。以管理员账户登录 Windows Server 2008，单击"开始"→"管理工具"→"服务器管理器"，打开"服务器管理器"窗口，如图 4-14 所示。在"角色摘要"区域中单击"添加角色"链接，启动"添加角色向导"。

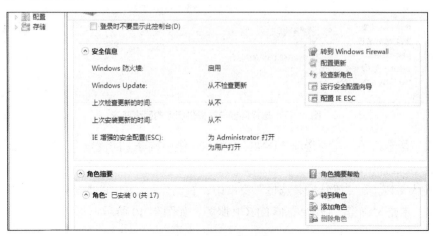

图 4-14　服务器管理器

从服务器角色中选择"DHCP 服务器"，如图 4-15 所示。

图 4-15　安装 DHCP 服务

② DHCP 服务器简介。这一步的提示"应在此计算机上至少配置一个静态 IP 地址"这点很重要，请在安装前确认是否已经给计算机配置了静态 IP 地址，否则无法安装 DHCP 服务器，如图 4-16 所示。

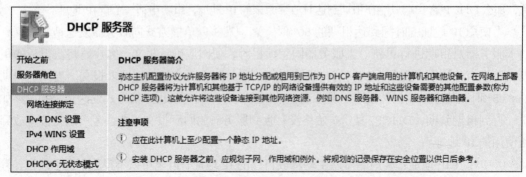

图 4-16　DHCP 服务器简介

③ 设置向客户端提供 DHCP 服务的网络连接（即网卡），如图 4-17 所示。

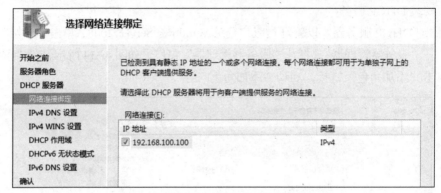

图 4-17　选择向客户端提供服务的网络连接

④ 设置配置选项。配置选项（DNS、WINS、作用域等）的设置今后可以在配置步骤中完成，在安装过程中这部分设置都可以为空。

⑤ 确认安装。在"确认安装选择"窗口中，右侧显示 DHCP 服务器的摘要信息，如图 4-18 所示。单击"确定"，开始安装 DHCP 服务，如图 4-19 所示。

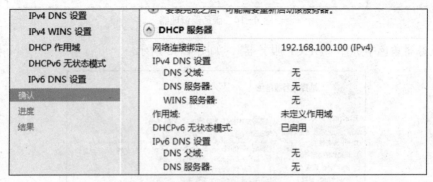

图 4-18　DHCP 摘要信息

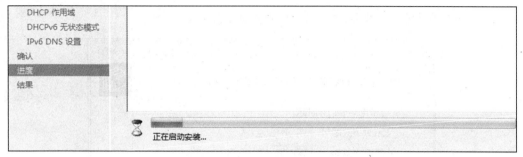

图 4-19　正在安装服务

（2）配置 DHCP 服务器

DHCP 安装成功后还需要对服务器做一些配置才能使用。

① 新建作用域。单击"开始"→"管理工具"→"DHCP"，打开 DHCP 配置窗口，如图 4-20 所示。将左侧栏服务器展开，右键单击"IPv4"节点，在弹出的快捷菜单中选择"新建作用域"，如图 4-21 所示。输入作用域的名称标识以方便管理，如图 4-22 所示。

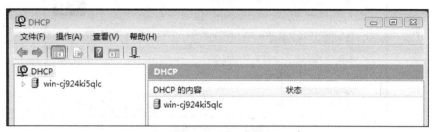

图 4-20　DHCP 配置窗口

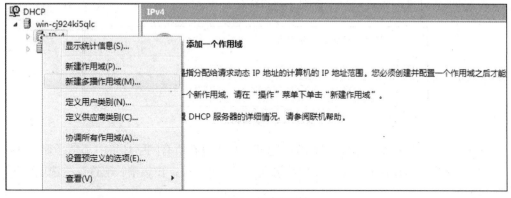

图 4-21　新建作用域

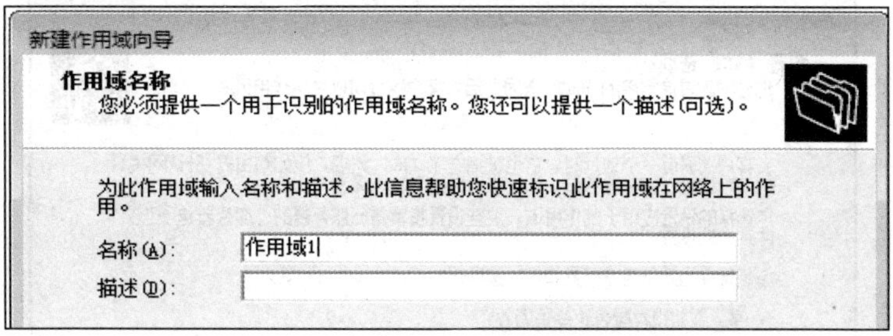

图 4-22　作用域名称

② 添加作用域的地址范围，即设置 IP 地址池，如图 4-23 所示。

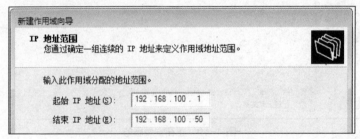

图 4-23　设置作用域的地址范围

③ 添加排除。在设置好的作用域中若有某些 IP 地址不想分配给客户端，可将这些地址设为排除，如图 4-24 所示。

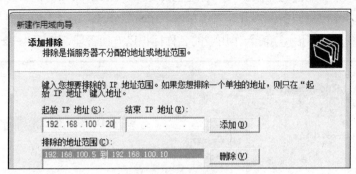

图 4-24　添加排除

④ 设置 IP 地址的租约期限，如图 4-25 所示。

图 4-25　设置租约期限

⑤ 配置作用域选项。需要注意的是，这些选项不是在所有网络环境中都是必须，可以根据实际情况选配。若现在不想配置作用域选项，可单击"否，我想稍后配置这些选项"跳过，如图 4-26 所示。

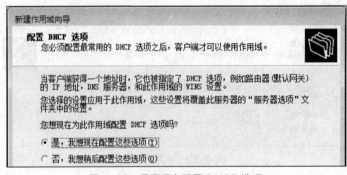

图 4-26　是否现在配置 DHCP 选项

如果选择"是，我想现在配置这些选项"，则需要做以下配置。

● 配置默认网关，如图 4-27 所示。

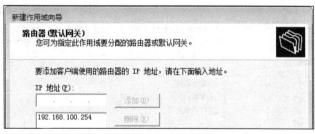

图 4-27　配置默认网关

● 配置 DNS 服务器的地址或父域，如图 4-28 所示。

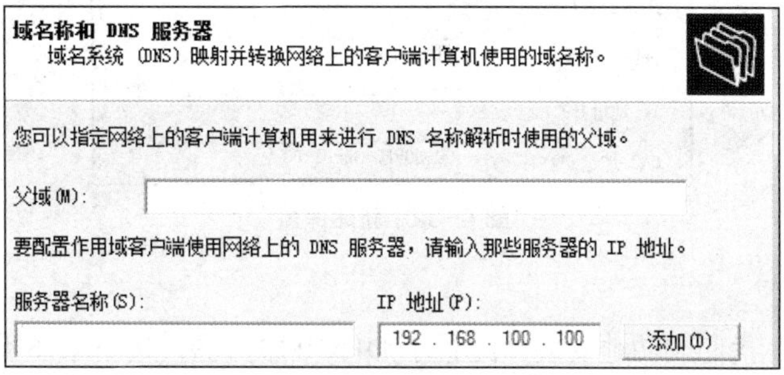

图 4-28　配置 DNS 服务器的地址

● 配置 WINS 服务器的地址，如图 4-29 所示。

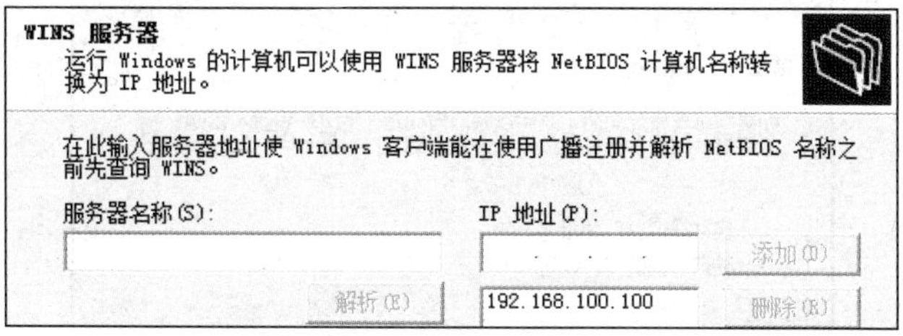

图 4-29　配置 WINS 服务器的地址

⑥ 激活作用域。配置完成后还需激活作用域才能使 DHCP 服务器开始工作，如图 4-30 所示。

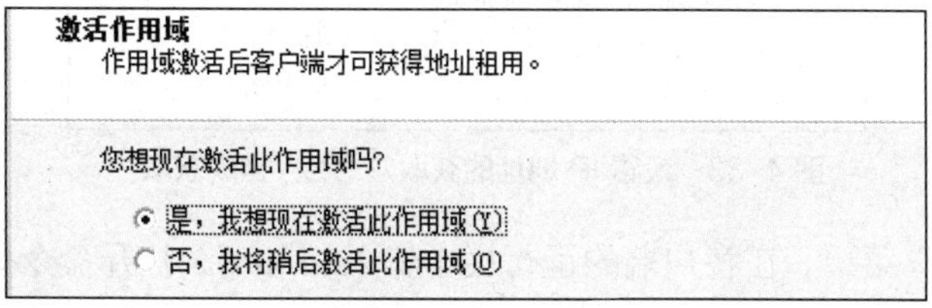

图 4-30　是否激活作用域

⑦ 创建保留。在网络环境中有些设备可能需要固定 IP 地址，如网络打印机。若网络打印机的地址是动态的，IP 地址经常变化，那我们就不方便访问它了。对于这类问题，我们可以通过创建保留来解决，即把设备的 MAC 地址和某一 IP 地址绑定，这样设备每次获得的都是同一个 IP 地址。

展开 IPv4 节点下的作用域，如图 4-31 所示。右键单击"保留"，在弹出的快捷菜单中选择"新建保留"，输入保留的名称、IP、MAC 地址等信息即可将这个 IP 地址固定分配给某个设备，如图 4-32 所示。

图 4-31　展开作用域

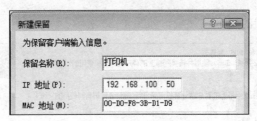

图 4-32　新建保留

（3）客户端验证

通过以上操作，我们成功地安装并配置了 DHCP 服务器，接下来还需要验证客户端能否正确获取到 IP 地址。

① 将客户端的 IP 地址的获取方式改为"自动获取"，如图 4-33 所示。

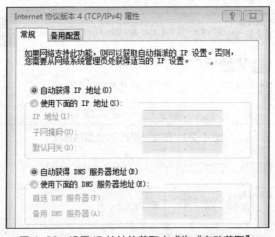

图 4-33　设置 IP 地址的获取方式为"自动获取"

② 单击"开始"菜单，在客户端的运行栏中输入"cmd"，打开命令提示符。在命令提示符中输入 ipconfig/release 释放客户端原有 IP 地址，如图 4-34 所示。

图 4-34　客户端释放现有 IP 地址

③ 在命令提示符中输入 ipconfig/renew 重新获取动态 IP 地址，如图 4-35 所示。从图中可以看到，客户端重新获取的 IP 地址为 192.168.100.1，DHCP 服务器的 IP 地址为 192.168.100.100，实验成功。

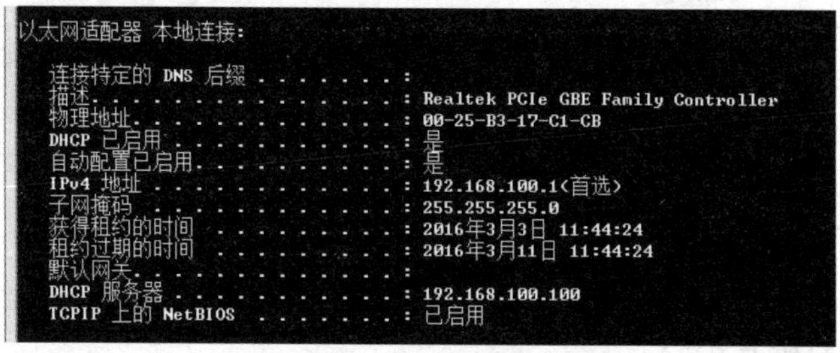

```
以太网适配器 本地连接:

   连接特定的 DNS 后缀 . . . . . . . :
   描述. . . . . . . . . . . . . . . : Realtek PCIe GBE Family Controller
   物理地址. . . . . . . . . . . . . : 00-25-B3-17-C1-CB
   DHCP 已启用 . . . . . . . . . . . : 是
   自动配置已启用. . . . . . . . . . : 是
   IPv4 地址 . . . . . . . . . . . . : 192.168.100.1(首选)
   子网掩码  . . . . . . . . . . . . : 255.255.255.0
   获得租约的时间  . . . . . . . . . : 2016年3月3日 11:44:24
   租约过期的时间  . . . . . . . . . : 2016年3月11日 11:44:24
   默认网关. . . . . . . . . . . . . :
   DHCP 服务器 . . . . . . . . . . . : 192.168.100.100
   TCPIP 上的 NetBIOS . . . . . . . .: 已启用
```

图 4-35　客户端成功获取 IP 地址

（二）DNS 服务

1. DNS 的基本概念

计算机在网络上通信时只能识别如 123.235.200.98 这类由数字组成的 IP 地址，但在实际应用中，用户很少直接使用 IP 地址来访问网络中的资源，这主要是因为 IP 地址不直观、不方便记忆，而且容易出错，因此大家通常使用熟悉又方便记忆的计算机名称来访问网络中的资源。为此，网络中就需要有很多域名服务器（DNS）来完成将计算机名称转换为对应的 IP 地址的工作，以便实现通过名称来访问网络的目的。

DNS 是域名系统（Domain Name System）的缩写，是一种组织成域层次结构的计算机和网络服务命名系统，采用客户机/服务器机制来实现计算机名称与 IP 地址之间转换。DNS 命名主要用于 TCP/IP 网络，允许用户使用分层次且方便记忆的名字（如 www.abc.com）来代替枯燥而难记的 IP 地址（如 "192.168.100.100"），方便定位 IP 网络中的计算机和其他资源。这个方便用户记忆的名字（如 www.abc.com），我们称之为域名。域名由若干部分组成，各部分之间用小数点分开，如 www.abc.com。域名前加上传输协议信息及主机类型信息就构成了统一资源定位地址（Uniform Resource Locator，URL），如：http://www.abc.com。域名具有唯一性，在全世界，没有重复的域名。

目前负责管理全世界 IP 地址的单位是国际互联网信息中心 InterNIC（Internet Network Information Center），在 InterNIC 之下的 DNS 结构分为若干个域，层次型命名的过程是从树根开始向下进行的，根域下定义了顶级域名，顶级域名有两种划分方法：按地理区域划分和按机构分类划分。地理区域是为每个国家或地区所设置，如中国是 cn，美国是 us，日本是 jp 等。机构分类域定义了不同的机构分类，主要包括：com（商业组织）、edu（教育机构）、gov（政府机构）、ac（科研机构）等。顶级域名下定义了二级域名结构，如在中国的顶级域名 cn 下又设立了 com、net、org、gov、edu 等组织机构类二级域名，以及按照各个行政区划分的地理域名如 bj（北京）、sh（上海）等。在二级域的下面所创建的域，一般由各个组织根据自己的需求与要求，自行创建和维护。主机是域名命名空间中的最下面一层。域名的层次结构可以看成一个树形结构，一个完整的域名由树叶到树根的路径结点用点 "." 分隔而构成，如图 4-36 所示的 "www.ABC.com.cn" 就是一个完整的域名。完全合格域名（Full Qualified Domain Name，FQDN）有严格的命名限制，只允许使用字符 a～z、0～9、A～Z 和连接符（－）。小数点（.）只允许在域名标志之间（如"ccidnet.com"）或者 FQDN 的结尾使用。域名不区分大小写。

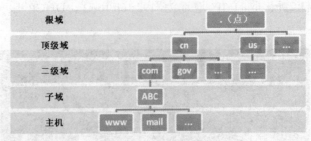

图 4-36　DNS 的域名结构

2．DNS 域名解析方式

DNS 域名系统被设计成一个联机分布式数据库系统，名字到 IP 地址的解析可以由若干个域名服务器共同完成。每个域名服务器不但自己能够进行一些域名解析，而且还具有指向其他域名服务器的信息，如果本地域名服务器不能完成解析，则将解析工作交给自身所指向的其他域名服务器。DNS 域名解析有两种查询方式：递归查询和迭代查询。

① 递归查询

当收到 DNS 客户端的查询请求后，DNS 服务器在自己的缓存或数据库中查找，如找到则返回查询结果；如找不到，则该服务器将以 DNS 客户端的身份继续向其他 DNS 服务器查询，直到查询到域名解析结果。DNS 服务器将把查询结果返回给客户端，返回结果可以是域名对应的 IP 地址或者该域名无法解析。一般客户端和服务器之间的查询属于递归查询。

② 迭代查询

当收到 DNS 客户端的查询请求后，如果 DNS 服务器没有在自己的数据库中查到相应的记录，DNS 服务器会向客户端返回一个可能知道结果的 DNS 服务器的地址，然后再由 DNS 客户端自行向新的 DNS 服务器查询，依次类推，直到查询到所需结果为止。一般在 DNS 服务器之间的查询属于迭代查询。

3．安装和配置 DNS 服务

（1）安装 DNS 服务

① 添加 DNS 服务器。单击"开始"→"管理工具"→"服务器管理器"，打开"服务器管理器"窗口，在"角色摘要"区域中单击"添加角色"链接，启动"添加角色向导"，在服务器角色中，选择"DNS 服务器"，如图 4-37 所示。

图 4-37　安装 DNS 服务

② DNS 服务器简介。这一步可以了解 DNS 服务器的功能及注意事项，如图 4-38 所示。

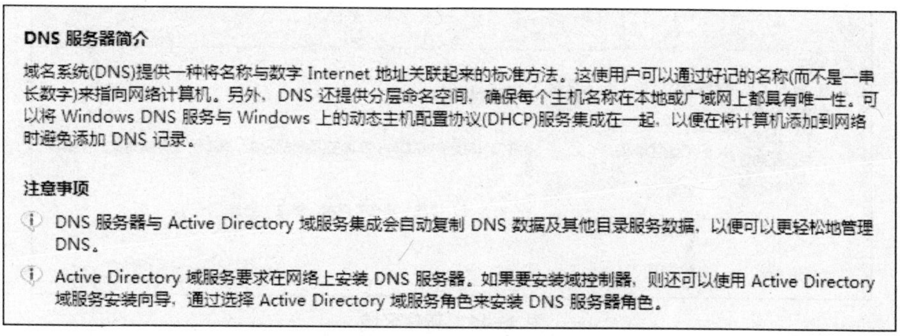

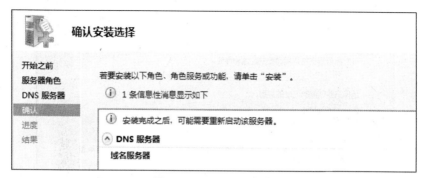

图 4-38　DNS 服务器简介

③ 确认安装。在"确认安装选择"窗口中，单击"安装"按钮即可开始安装 DNS，如图 4-39 所示。

图 4-39　确认 DNS 安装

（2）配置 DNS 服务器

DNS 提供了两种查询模式：正向查询和反向查询。所谓的正向查询，即根据域名查询对应的 IP 地址，而反向查询是根据 IP 地址查询对应的域名。在计算机网络中，绝大多数是进行正向查询，故这里我们以正向查找为例来介绍 DNS 服务器的配置过程。

① 新建区域。单击"开始"→"管理工具"→"DNS"，打开 DNS 管理器窗口，将左侧栏服务器展开，如图 4-40 所示。右击"正向查找区域"节点，在快捷菜单中选择"新建区域"，如图 4-41 所示。

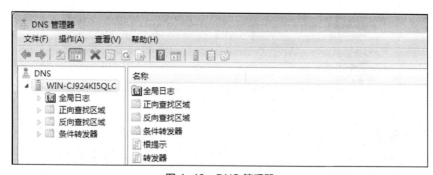

图 4-40　DNS 管理器

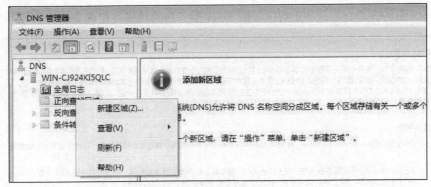

图 4-41　新建区域

② 选择区域类型。在出现的新建区域向导中，单击"下一步"，选择区域类型，如图 4-42 所示。DNS 服务器支持不同类型的区域和存储，可根据实际需要选择，这里我们选择创建"主要区域"，这类区域支持 DNS 数据库的更新。

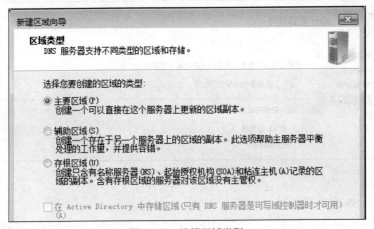

图 4-42　选择区域类型

③ 输入区域名称。在区域名称中输入在域名服务机构申请的正式域名，如 abc.com，如图 4-43 所示。

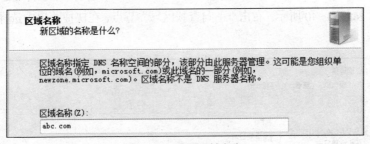

图 4-43　设置区域名称

④ 创建区域文件。区域文件用于保存域名和 IP 地址的对应关系，系统会自动以区域名称作文件名创建新的区域文件，用户也可选择现有文件来保存，如图 4-44 所示。

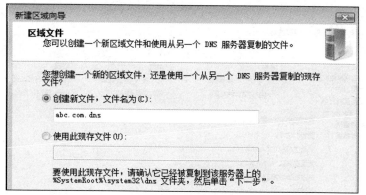

图 4-44　创建区域文件

⑤ 设置 DNS 区域更新方式。出于安全考虑，这里设置为"不允许动态更新"，如图 4-45 所示。

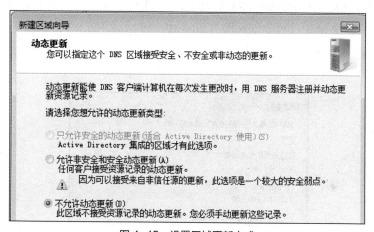

图 4-45　设置区域更新方式

⑥ 完成新建区域。在完成新建区域后，DNS 管理器窗口可以看到刚才新建的区域，其类型为标准主要区域，如图 4-46 所示。

图 4-46　已建成的区域

⑦ 添加 DNS 记录。DNS 服务器配置完成后，要为所属的域提供域名解析服务，还必须在 DNS 域中添加各种 DNS 资源记录来实现域名解析，如图 4-47 所示。

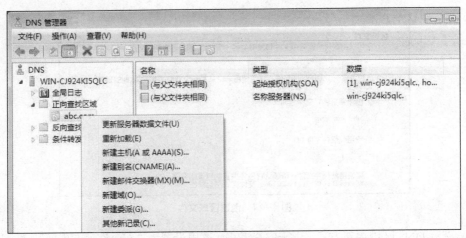

图 4-47　添加资源记录

⑧ 新建主机记录。此处以 Web 网站为例，添加主机记录。为架设 Web 网站，主机名称我们设置为 www，IP 地址设置为网站服务器的 IP：192.168.100.100，如图 4-48 所示。创建好主机记录 www.abc.com 后，当用户访问该地址时，DNS 服务器即可自动将该域名解析成对应的 IP 地址。

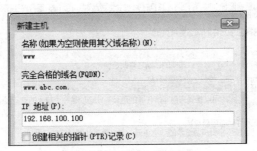

图 4-48　新建主机记录

（3）客户端验证

① 设置客户端的 DNS 服务器。在客户端的"本地连接"属性中，设置本机使用的 DNS 服务器的 IP 地址，如图 4-49 所示。

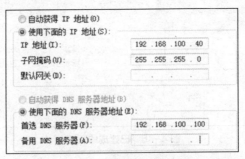

图 4-49　设置客户端的 DNS

② 验证 DNS。单击"开始"菜单，在客户端的运行栏中输入"cmd"，打开命令提示符。在命令行中输入 nslookup www.abc.com，如图 4-50 所示。从图中可以看出，DNS 服务器工作正常，客户端的 DNS 服务器地址是 192.168.100.100，它成功的解析出域名 www.abc.com，

其对应的 IP 地址是 192.168.100.100。

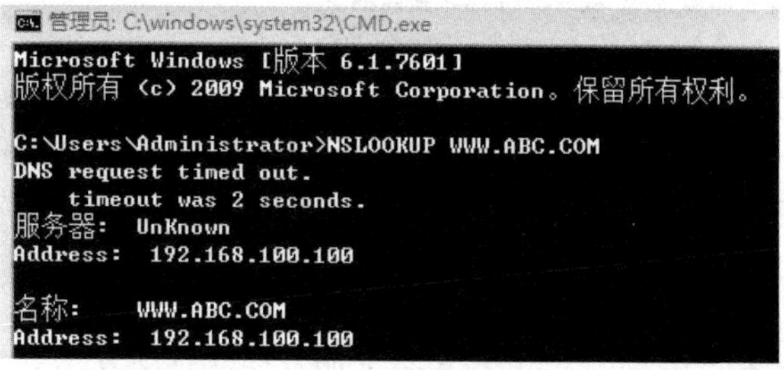

图 4-50　从客户端验证 DNS

（三）Web 服务

1. IIS 概述

IIS（Internet Information Service）即 Internet 信息服务，是由微软公司提供的基于 Microsoft Windows 的互联网基本服务。在 Windows Server 2008 中的 IIS 7.0 能够提供以下服务。

① 万维网发布服务（World Wide Web，WWW）：通过将客户端 HTTP 请求连接到在 IIS 中运行的网站上，向 IIS 最终用户提供 Web 发布。

② 文件传输协议服务（FTP）：提供对管理和处理文件的完全支持。该服务使用传输控制协议（TCP），确保了文件传输的完整和数据传输的准确。

③ 简单邮件传输协议服务（SMTP）：允许基于 Web 的应用程序传送和接收邮件。

④ 网络新闻传输协议服务（NNTP）：用于向 Internet 上的服务器和客户端发布网络新闻邮件。

⑤ 管理服务：该项功能管理 IIS 配置数据库，并为 WWW、FTP、SMTP 和 NNTP 服务更新 Microsoft Windows 操作系统注册表。

2. 安装和配置 Web 服务

（1）安装 Web 服务

① 添加 Web 服务器。单击"开始"→"管理工具"→"服务器管理器"，打开"服务器管理器"窗口，在"角色摘要"区域中单击"添加角色"链接，启动"添加角色向导"。在服务器角色中，选择"Web 服务器（IIS）"，弹出询问对话框，确认添加 Web 服务所需的功能，如图 4-51 和图 4-52 所示。

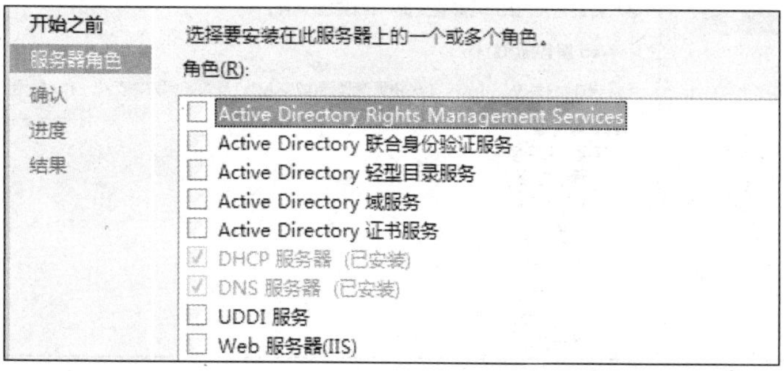

图 4-51　添加 Web 服务器

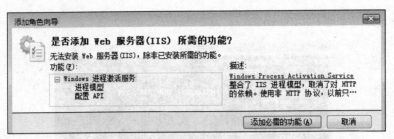

图 4-52　是否添加必需的功能

② Web 服务器简介。这一步可以了解 Web 服务器的功能及注意事项，如图 4-53 所示。

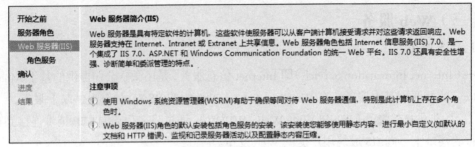

图 4-53　Web 服务器简介

③ 选择 Web 服务器（IIS）需要安装的角色服务，此处采用默认值即可，如图 4-54 所示。

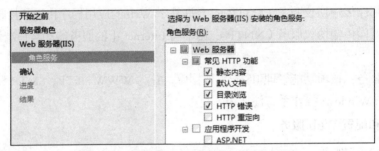

图 4-54　选择为 Web 服务器安装的角色服务

④ 确认安装。在"确认安装选择"窗口中，单击"安装"按钮即可开始安装 Web 服务，如图 4-55 所示。

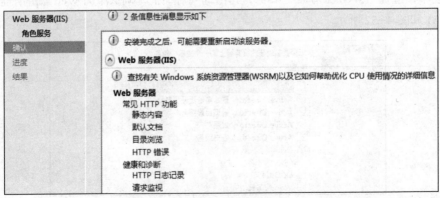

图 4-55　确认安装服务

（2）配置 Web 服务

① 打开 IIS 管理器。单击"开始"→"管理工具"→"Internet 信息服务（IIS）"，打开 IIS 管理器窗口，将左侧栏服务器展开，可以看到已经有一个默认的 Web 网站，如图 4-56 所示。

图 4-56　IIS 管理器

② 新建网站。在建立新网站之前，请首先确保有现成的网页文件可以使用（可将某网站的一个网页保存下来，或者新建一个文本文件，在页面中随意输入一些文字，然后将其保存下来，再将扩展名.txt 更改为.html）。右击"网站"节点，在弹出的快捷菜单中选择"新建网站"，如图 4-57 所示。在"添加网站"窗口中，设置网站的各种属性。在"网站名称"中输入新网站的名称（此处为"1"）；在"物理路径"中选择网页文件存放的路径；在"IP 地址"中输入 Web 服务器的 IP 地址；Web 服务的默认端口号是 80，一般情况下无需修改，如图 4-58 所示。

图 4-57　添加新网站

图 4-58　设置网站属性

③ 设置默认页面。为了访问网站时能自动打开主页面，还需要把主页文件添加到默认文档中。单击左侧的网站名称，在中间区域双击"默认文档"图标，打开默认文档，如图 4-59 所示。在默认文档列表中，通过右侧的"添加"来添加默认页面，而"上移"和"下移"可调整文档的优先级顺序（本例中的默认页面为 1.html），如图 4-60 所示。

图 4-59　已建好的新网站

图 4-60　添加默认网页

（3）客户端验证

在客户端中打开 IE 浏览器，在浏览器中输入"http//:IP 地址"即可查看网页，如图 4-61 所示。

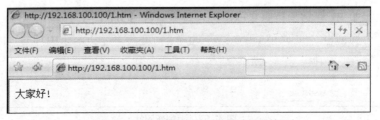

图 4-61　客户端通过 IP 地址访问网站

如果想通过域名"http//:www.abc.com"来访问此网页，客户端的 IP 地址设置中还需添加 DNS 服务器的 IP 地址。设置完成后，在客户端的浏览器中输入域名即可正常访问，如图 4-62 所示。

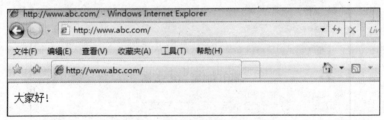

图 4-62　客户端通过域名访问网站

（四）FTP 服务

1. FTP 概述

FTP（File Transfer Protocol）即文件传输协议，用于在远端服务器和本地主机（客户端）之间传输文件，是 IP 网络上传输文件的通用协议。FTP 使用客户端/服务器模式，客户端通过客户程序把自己的请求告诉服务器，并将服务器返回的结果显示出来，而服务器执行真正的工作，比如存储、发送文件等。

尽管 Web 服务也可以提供文件上传下载服务，但由于 FTP 服务的效率更高，对权限的控制更为严格，因此，FTP 仍然被广泛应用于为 Internet 客户提供文件传输服务，同时也是最为安全的 Web 网站内容更新手段。

在 Windows Server 2008 中，FTP 服务与 IIS 服务捆绑在一起，作为安装时的可选组件。默认情况下，在安装 IIS 时，并没有安装 FTP，因此需要人工添加 FTP 角色。

2. 安装和配置 FTP 服务

（1）安装 FTP 服务

单击"开始"→"管理工具"→"服务器管理器"，打开"服务器管理器"窗口，展开左侧栏的"角色"节点，在"Web 服务器"上右击，弹出菜单中选择"添加角色服务"，如图 4-63 所示。在"选择角色服务"窗口中，选中下部的"FTP 发布服务"，单击"下一步"即可完成安装，如图 4-64 所示。

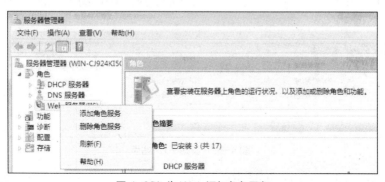

图 4-63　为 Web 添加角色服务

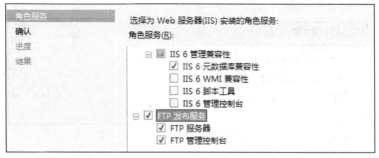

图 4-64　添加 FTP 服务

（2）配置 FTP 服务

① 打开 IIS 管理器。单击"开始"→"管理工具"→"Internet 信息服务（IIS）"，打开 IIS 管理器窗口，可以看到左侧已有"FTP 站点"，如图 4-65 所示。单击"FTP 站点"，右侧

栏显示 FTP 管理由 IIS6.0 提供，单击"单击此处启动"链接，打开 IIS6.0，可见其下已存在一个默认 FTP 站点，如图 4-66 所示。

图 4-65　IIS 管理器

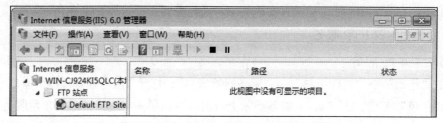

图 4-66　IIS6.0 中的默认 FTP 站点

② 新建 FTP 站点。右击"FTP 站点"，弹出的快捷菜单中选择"新建"→"FTP 站点"，如图 4-67 所示。

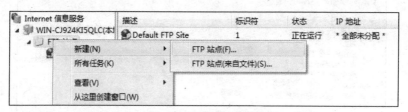

图 4-67　新建 FTP 站点

③ 设置站点描述。在 FTP 站点创建向导的"FTP 站点描述"中输入站点描述，用于区分和管理站点，如图 4-68 所示。

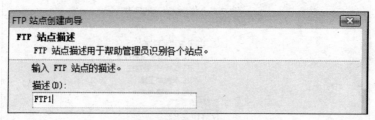

图 4-68　设置站点描述

④ 设置站点 IP 地址。在"IP 地址和端口设置"中输入 FTP 站点的 IP 地址，端口号一般无需修改，如图 4-69 所示。

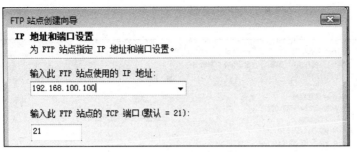

图 4-69　设置站点的 IP 地址

⑤ 设置 FTP 用户隔离。通过设置用户隔离方式，可以设定网络用户是共用主目录还是各自使用自己的主目录，如图 4-70 所示。

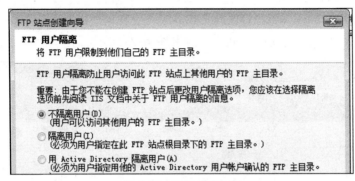

图 4-70　FTP 用户隔离

⑥ 设置站点主目录。在"FTP 站点主目录"中输入用于存放 FTP 资源的主目录，或通过单击"浏览"按钮来选择存放目录，如图 4-71 所示。

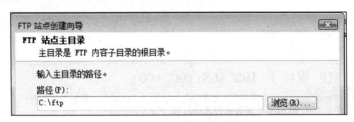

图 4-71　设置站点主目录

⑦ 设置站点访问权限。如果只允许客户端下载文件，就选"读取"；如果允许客户端同时上传和下载文件，就选择"读取"和"写入"，如图 4-72 所示。

图 4-72　设置站点访问权限

⑧ 站点创建完成。关闭站点创建向导，在 IIS6.0 管理窗口中，可以看到刚才创建好的 FTP 站点，如图 4-73 所示。此时，该新建站点并没有开启，右击站点名称，在弹出菜单中选择"启

动"，启用站点。

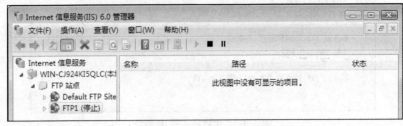

图 4-73　FTP 站点创建完成

（3）客户端验证

① 匿名访问 FTP 服务器

在客户端打开 Windows 资源管理器或 IE 浏览器，在地址栏中输入"ftp//:IP 地址"即可访问 FTP 服务器主目录下的文件，如图 4-74 和图 4-75 所示。

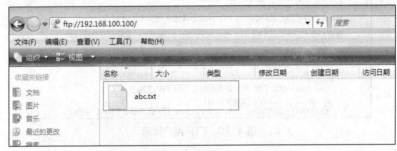

图 4-74　通过资源管理器访问 FTP 服务器

图 4-75　通过浏览器访问 FTP 服务器

② 认证用户访问 FTP 服务器

默认情况下，FTP 允许用户匿名访问服务器。若基于安全考虑，要求用户在登录服务器前进行身份认证，可在 FTP 服务器上取消匿名访问功能，操作步骤如下。

在 IIS 中的 FTP 站点上单击右键，弹出菜单中选择"属性"，打开站点属性窗口，并切换到"安全账户"选项卡，如图 4-76 所示。将"允许匿名连接"选项取消，弹出一个警告对话框，提示用户名和密码将会在网络上明文传输，存在安全隐患，单击"是"即可，如图 4-77 所示。

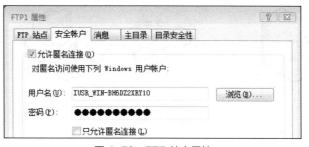

图 4-76　FTP 站点属性

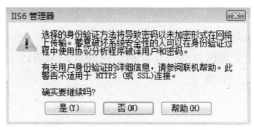

图 4-77　取消匿名连接的警告提示

在客户端打开 Windows 资源管理器，在地址栏中输入 FTP 服务器的 IP 地址，弹出身份认证对话框，如图 4-78 所示。需要提醒的是，此处的登录账号是在服务器的"本地用户和组"中设置的。

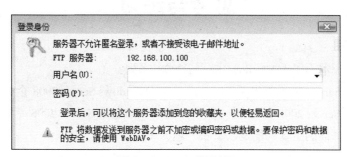

图 4-78　FTP 登录认证

三、任务实施

（一）任务分析

ABC 公司面临的问题可以通过增加一台或多台服务器，并安装 Windows Server 2008 网络操作系统来解决。配置 DHCP 服务器可解决手工分配 IP 地址工作量大、费时费力的问题；配置 Web 服务器可发布公司的网页，宣传产品和展示公司形象；搭建 FTP 服务器可为公司内部提供安全高效的资源共享平台。同时，为了通过域名 ftp://ftp.abc.com 访问 FTP 服务器，还需要配置 DNS 服务器。

（二）网络拓扑

在实验室环境中，为了减少设备的使用数量，本任务拓扑结构可以简化为两台计算机通过交换机互联，其中一台作为服务器，另一台作为客户端，如图 4-79 所示。

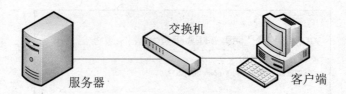

图 4-79　拓扑结构

（三）实验设备

① 服务器：安装 Windows Server 2008 系统的计算机 1 台

② 客户端：安装 Windows 7 系统的计算机 1 台

③ 交换机 1 台（若无交换机，两台计算机也可通过网卡直连）

④ 普通网线（双绞线）两条

（四）实施步骤

为满足公司的网络需求，本任务需要配置四种角色的服务器，分别是：DHCP 服务器、Web 服务器、FTP 服务器和 DNS 服务器。这四种服务器的配置过程前面已经介绍，此处不再赘述，请同学们根据所学知识自行完成。

思考与练习

一、单选题

1. 下列哪个版本不属于 Windows Server 2008 系列？（　　　）

A. Windows Server 2008 标准版　　　　　B. Windows Server 2008 企业版

C. Windows Server 2008 Web 版　　　　　D. Windows Server 2008 专业版

2. DHCP 服务器的主要功能是以下哪一项？（　　　）

A. 域名解析　B. 动态分配物理地址　　　C. 动态分配 IP 地址　　D. ARP 解析

3. 在采用自动获取 IP 地址的客户端，重新获取 IP 地址的命令是哪一个？（　　　）

A. ipconfig/displaydns　B. ipconfig/renew　C. ipconfig/flushdns　　D. ipconfig/release

4. 在安装 DHCP 服务器之前，必须保证这台计算机具备以下哪一项？（　　　）

A. 远程访问服务器的 IP 地址　　　　　B. DNS 服务器的 IP 地址

C. WWW 服务器的 IP 地址　　　　　　D. 静态的 IP 地址

5. 以下哪一个 DNS 域名表示了根域名？（　　　）

A. .com　　　　　B. .cn　　　　　　C. .com.cn　　　　　D. .（点号）

6. 如果用户希望以域名的方式访问网页，需要在网络中安装哪种角色的服务器？（　　　）

A. WWW　　　　B. DHCP　　　　C. FTP　　　　　D. DNS

7. 在 Windows Server 2008 中安装 Web 服务器，需要安装哪种服务？（　　　）

A. FTP　　　　　B. DHCP　　　　C. IIS　　　　　D. DNS

8. Web 服务器使用哪个协议为客户端提供网页服务？（　　）

A．FTP　　　　　　　B．HTTP　　　　　C．SMTP　　　　　　D．NNTP

9. Web 网站使用的默认 TCP 端口是哪个？（　　）

A．21　　　　　　　　B．80　　　　　　　C．256　　　　　　　D．23

10. FTP 站点使用的默认端口号是哪一个？（　　）

A．80　　　　　　　　B．20　　　　　　　C．21　　　　　　　　D．23

二、简答题

1. 简述客户端从 DHCP 服务器获取 IP 地址的步骤有哪些？

2. DHCP 服务器能为客户端提供哪些信息？

3. Internet 的域名结构是怎样的？

4. DNS 域名解析有哪两种查询方式，查询过程是怎样进行的？

项目五
配置 Internet 接入

进入 21 世纪以来，随着科学技术的快速发展与网络技术的不断普及，上网已经成为了我们工作和生活中不可或缺的一部分。小至一个家庭，大到一个企业，都需要通过网络来进行交流沟通和事务处理，Internet 接入技术要解决的问题就是如何将用户连接到各种网络上去。

目前，通信网络正在发生深刻的变化，电信业务正逐渐从传统的以语音业务为主的窄带业务向集语音、高速数据、视频和图像为一体的多媒体宽带业务发展，故在 Internet 接入技术中，宽带接入是目前应用和发展的重点技术之一。

通过本项目的学习，应达到以下目标。

知识目标

（1）了解 DSL 技术的工作原理。
（2）了解各种常用宽带接入技术的特点。

技能目标

能够正确设置 ADSL 宽带账号并接入 Internet 上网。

一、项目背景描述

你家里有一台计算机需要上网，为了保证上网与座机通话两不误，你向电信营运商申请了 ADSL 宽带接入，营运商为你提供了 ADSL Modem，安排工作人员上门进行设备安装并在你的计算机上设置了宽带账号，你的计算机已经可以正常上网。后来，计算机系统出现故障，你重新安装了操作系统，因而你必须在计算机上重新设置 ADSL 宽带账号以便能够上网。

二、相关知识

（一）网络接入技术的分类

从接入业务的角度来看，网络接入技术可分为窄带接入和宽带接入；从用户入网方式的角度来看，网络接入技术可以分为有线接入和无线接入。

1．窄带接入和宽带接入

"窄带"和"宽带"是一个相对和动态的概念，并无严格的数值界限。传统上一般将网络接入速度 56kbit/s 作为分界，将 56kbit/s 及其以下的接入称为"窄带"，56kbit/s 之上的接入则称为"宽带"。但从 2010 年 5 月 17 日开始，4Mbit/s 被定义为宽窄带的分界点，带宽不到 4Mbit/s 的网络一概称为窄带网络，只有 4Mbit/s 及以上的网络才能被称为宽带网络。电话拨号上网、ISDN 等是比较常见的窄带接入技术，但已经很少使用，而当前使用的 ADSL 等技术几乎都属于宽带接入。

2．有线接入和无线接入

有线接入技术主要包括基于电话线的数字用户线路（xDSL）、基于光纤的光宽带接入、基于光纤同轴混合的 HFC 和基于五类双绞线的 LAN。无线宽带接入技术以 LMDS、MMDS、Wi-Fi、WiMAX 等技术为代表，其中发展最为迅速的是 Wi-Fi 和 WiMAX。

（二）常见的宽带接入技术

目前，宽带接入技术主要包括 xDSL 接入（主要是 ADSL）、以太网接入（局域网接入）、光纤接入、基于光纤同轴混合（HFC）的 Cable Modem 接入、电力线载波接入及无线接入等。从全球范围来看，xDSL 依然是世界上应用最广泛的宽带接入技术。

1．xDSL 接入

DSL（数字用户线路）是以铜质电话线为介质来传输高速数据的技术，它让数字信号加载到电话线路的未使用频段，从而实现了在不影响语音服务的前提下在电话线上提供数据通信。目前，基于铜线传输的 xDSL（包括 SHDSL、ADSL、VDSL 等）接入技术已经成为宽带接入的主流技术，为广大用户所采用。

（1）DSL 的工作原理

DSL 是美国贝尔实验室于 1989 年为视频点播（VOD）业务开发出来的在普通电话线上传输高速数据的技术。

传统的电话系统在设计之初，主要用来传输模拟语音信号，出于经济上的考虑，电话系统设计传送频率在 300Hz～3.4kHz 范围的信号（尽管人耳可以听到的声音频率在 20Hz～20kHz，但 300Hz～3.4kHz 是一个比较容易辨识的音频范围），但电话线实际上可以提供更高的带宽，从 200Hz～2MHz 不等，这取决于电路质量和设备的复杂度。

DSL 正是利用电话系统中没有被使用的高频信号来承载数据，从而实现在一条电话线上同时传输语音和数据信号。DSL 采用频分复用技术，将电话线的带宽分为三个信道：0～4kHz 的低频段用于普通电话的语音业务，30kHz～138kHz 的中间频段用于上行数据（用户到网络）的传输，138kHz～1.1MHz 的高频段用于下行数据（网络到用户）的传输。语音和数据的分离在到达局端的程控交换机之前就已经实现。

DSL 按上行通道（用户到网络）和下行通道（网络到用户）的速率是否均衡，可分为对称 DSL 和非对称 DSL。

（2）ADSL 简介

ADSL 是一种非对称的 DSL 技术，所谓非对称是指用户线路的上行速率与下行速率不同，一般是下行速率远高于上行速率，故其特别适合传输多媒体信息业务，如 IPTV、视频点播（VOD）、远程教学、可视电话、多媒体信息检索和其他交互式业务。当前，中国继续保持着全球最大的 DSL 市场的地位，在 xDSL 技术体系中，在我国应用最为广泛的是基于电话双绞线的第一代 ADSL 技术。

ADSL 的主要优点如下。

① 可以充分利用现有的电话交换网络，只需在线路两端加装 ADSL 设备即可为用户提供高带宽服务，无需重新布线，从而可极大地降低服务成本。同时 ADSL 用户独享带宽，线路专用，不受用户数增加的影响。

② ADSL 设备随用随装，无需进行严格业务预测和网络规划，施工简单，时间短，系统初期投资小。

③ ADSL 设备拆装容易、灵活，方便用户转移，比较适合流动性强的家庭用户。

④ 一条普通电话线可同时传输语音信号和数据信号。因此，拨打与接听电话的同时又能上网，两者互不影响。

但是，随着运营商网络覆盖范围的扩大以及用户业务量的逐渐增加，第一代 ADSL 技术逐渐暴露出一些难以克服的弱点，如下行传输速率较低、线路诊断能力较弱等，为更好地满足网络运营和信息消费的需求，新一代 xDSL 技术如 ADSL2、ADSL2+、VDSL、VDSL2 等技术应运而生，新一代 xDSL 技术针对第一代 xDSL 技术存在的问题，提供了比较有效的解决办法，从而为 xDSL 接入技术的发展提供了强有力的支持。

2．Cable Modem 接入

基于 HFC（Hybrid Fiber-Coaxial）的 Cable Modem 接入是光纤和同轴电缆相结合的混合网络，它通常由光纤干线、同轴电缆支线和用户配线网络三部分组成，从有线电视台出来的节目信号先变成光信号在光纤干线上传输，到用户区域后再把光信号转换成电信号，经分配器分配后通过同轴电缆输送给用户。

Cable Modem 接入利用现有的有线电视网络进行数据传输，因大部分有线电视网络是单向广播式网络，为了实现访问 Internet，需要对单向广播的有线电视网络进行改造，以实现数据的双向传输。

Cable Modem 接入的主要优点如下。

① 传输容量大，易实现双向传输，从理论上讲，一对光纤可同时传送 150 万路电话或 2000 套电视节目。

② 频率特性好，在有线电视传输带宽内无需均衡；传输损耗小，可延长有线电视的传输距离，25km 内无需中继放大。

③ 光纤间不会有串音现象，不怕电磁干扰，能确保信号的传输质量。

Cable Modem 接入的缺点如下。

① 有线电视网络架构属于共享带宽型，当 Cable Modem 接入的用户数量增加时，速率就会下降且不稳定，扩展性不足。

② 需要对原有的同轴线路进行双向改造，有时还涉及到更换电缆，成本较高。

③ 低频信号在同轴电缆上传输时易受干扰，往往造成数据传输质量不高，信号容易中断且定位故障点比较困难。

Cable Modem 虽然在国外拥有广泛的应用，但在国内使用很少。

3．以太网接入

以太网技术是目前应用最广泛的一种局域网技术，以太网接入就是把以太网的技术用于电信网的接入部分，解决宽带接入问题。以太网接入能够提供高速 Internet 服务、分组语音和视频业务，而费用远远低于 xDSL 和 Cable Modem。

以太网接入具有技术成熟，成本低、结构简单、稳定性和扩充性好、便于网络升级等优点，但是以太网接入覆盖范围小，需要综合布线，初期投资成本高；接入交换机数量众多、零散，网络管理和维护复杂。另外，以太网本身是一种局域网技术，用于电信网接入时，在认证计费、用户管理、用户安全、服务质量保证和网络管理等方面尚缺乏完善的解决方案。尽管如此，在高度密集型的住宅小区、学校和办公大楼，以太网接入完全可以满足对传输距离和带宽的要求，既比较经济，又能兼顾未来的发展，是比较理想的接入方式。

4．光纤接入

光纤是目前传输速率最高的传输介质，它具有容量大、性能稳定、防电磁干扰、保密性强、重量轻等诸多优点，故光纤接入是目前电信网络中发展最为快速的接入技术。

光纤接入网从技术上可分为有源光网络（Active Optical Network，AON）和无源光网络（Passive Optical Network，PON），有源光网络又可分为基于 SDH 的 AON 和基于 PDH 的 AON，无源光网络又可分为窄带 PON 和宽带 PON。

根据光纤深入用户群的程度，可将光纤接入网分为光纤到户（FTTH）、光纤到路边（FTTC）、光纤到大楼（FTTB）、光纤到办公室（FTTO）、光纤到楼层（FTTF）等几种类型，其中 FTTH 将是未来宽带接入网发展的最终形式。需要注意的是，FTTx 并不是具体的接入技术，而是光纤在接入网中的推进程度或使用策略。

光纤接入是未来宽带接入的发展主流，是有线接入技术的终极方式，其技术上的优势是铜线接入无可比拟的，但目前要完全抛弃现有的用户网络而全部重新铺设光纤，对于大多数国家和地区来说还是不经济、不现实的。

5．电力线载波接入

电力线通信技术（Power Line Communication，PLC）也称电力线载波，俗称"电力线上网"，它采用电力线传输载有信息的高频电流，再由接收端的调制解调器把高频从电流中分离出来传送至计算机或电话，从而实现信息传递的一种通信方式。PLC 直接利用已有的电力配电网络作为传输线路，不需额外布线，使得其具有极大的便捷性，只要在房间任何有电源插座的地方，就可享受高速网络接入。

虽然 PLC 使用成本低廉，但目前技术尚不稳定，不同质量的插座以及电线的不同材料和线径，对上网速率均会有一定影响；电力线传输噪声大，安全性低；通信频率影响短波通信、有线电视的回传通道等。另外，PLC 是一种带宽共享的技术，网速不够稳定，如果很多用户同时上网，单个用户的速度就会相应减慢。

6．无线接入

无线接入技术是指用户终端到网络节点之间部分或全部采用无线介质传输的接入技术，无线接入可分为固定无线接入和移动无线接入。固定无线接入主要是为位置固定的用户或仅在小范围移动的用户提供通信服务，它是有线接入的无线延伸，典型的固定无线接入技术包括 LMDS（Local Multipoint Distribution Services，本地多点分配业务）、MMDS （Multichannel Multipoint Distribution Services，多路多点分配业务）、WLAN（即 Wi-Fi）等。移动无线接入技术主要是为移动终端（即蜂窝移动通信系统）服务，典型技术包括 3G、LTE、WiMAX、4G 等。

无线接入的特点是初期投入小，能迅速提供业务，不需要铺设线路；覆盖范围广、扩展灵活，可以随时按照需要进行变更、扩容，抗灾难性比较强。

从目前来看，宽带接入技术正呈现出宽带化、IP 化以及业务融合化的趋势。由于 ADSL2+技术正逐步发展成熟，ADSL 在今后相当长一段时间内仍将是主流的宽带接入技术，用户群仍有相当增长空间。光纤接入具有带宽高、容量大、传输距离长、管理维护方便等优势，已成为新一代宽带接入的主流技术，但高建设成本依然制约了其发展，要完全实现 FTTH（光纤入户）还需要相当长的时间。

三、项目实施

（一）项目分析

ADSL 是当前家庭用户最常用的一种宽带接入技术，它利用现有的铜质电话线，通过采用先进的复用技术和调制技术，使得高速的数字信息和电话语音信息在一条电话线的不同频段上同时传输，从而实现上网与拨打电话互不影响。

计算机要通过 ADSL 调制解调器上网，首先必须在计算机上设置好宽带账号（该账号由电信营运商提供），然后才能连接网络。当然，若使用了家用无线路由器，该账号也可以设置在路由器上，从而实现自动拨号上网。

（二）网络拓扑

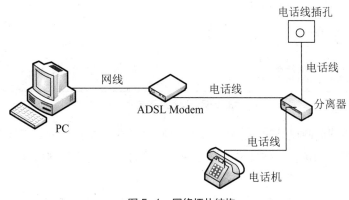

图 5-1　网络拓扑结构

（三）实验设备

① 安装 Windows 7 系统的台式计算机或笔记本电脑 1 台

② ADSL 调制解调器 1 台

③ 电话机 1 台（该设备也可以不要）

④ 普通网线（双绞线）1 条、电话线 3 条

（四）实施步骤

（1）单击桌面任务栏右下角的网络连接图标（或右击桌面上的"网络"图标，在弹出菜单中选择"属性"），打开"网络和共享中心"，在"更改网络设置"中，单击"设置新的连接或网络"，如图 5-2 所示。

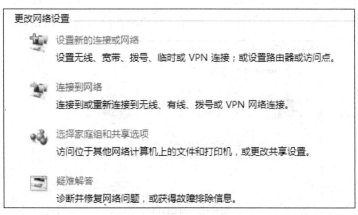

图 5-2　设置新的网络连接

（2）在连接选项中，选择"连接到 Internet"，如图 5-3 所示。单击"下一步"后，单击"宽带（PPPOE）"来创建连接。

图 5-3　设置连接选项

（3）输入电信营运商提供的宽带账号（用户名和密码），如图 5-4。连接名称可以输入任意文字，另外，建议勾选"记住此密码"选项，这样每次连接宽带网络时就不需要重复输入密码了。

图 5-4　设置宽带账号

（4）宽带连接设置完毕，开始连接网络，如图 5-5 所示。如果现在不想连接网络，可单击"跳过"按钮，若单击"取消"按钮，则可以取消刚才建立的宽带连接账号。

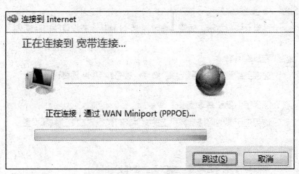

图 5-5　开始连接网络

（5）连接网络。今后需要通过宽带上网时，可单击任务栏右下角的网络连接图标（或者在"网络和共享中心"窗口单击"连接到网络"），弹出连接窗口，如图 5-6 所示。

图 5-6 网络连接窗口

单击宽带连接下边的"连接"按钮，进入到"连接宽带连接"窗口，无需更改用户名和密码，再次单击"连接"按钮便开始连接网络，十几秒钟之后便可以上网。

思考与练习

简答题

1. 简述 DSL 技术的工作原理。
2. 简述各种常用宽带接入技术的特点。

PART 6

项目六
组建小型无线局域网

随着通信技术的发展，移动电话、笔记本电脑、PDA 等移动终端得到了普及，以此同时，伴随着人们生活、工作方式的改变，人员的流动越来越频繁，人们对移动访问互联网的需求也越来越强烈，人们希望能够打破地域的限制，在任何时间、任何地点都可以轻松上网，无线局域网由此得到了持续和快速的发展，在家庭、办公、教育、生产、服务和休闲娱乐等领域得到了广泛应用。近年来，基于无线局域网技术在带宽、覆盖范围上的提升，车载无线、无线视频、无线校园、无线医疗、无线城市、无线定位等诸多应用得到了极大发展。

在各种无线应用中，首先应解决的问题是如何构建无线局域网，这也是无线局域网中最基本的问题之一。

通过本项目的学习，应达到以下目标。

知识目标

（1）了解无线局域网的特点、应用环境以及主要技术。
（2）了解 IEEE 802.11x 各种标准的特点。
（3）了解无线局域网的常用安全措施。
（4）熟悉无线局域网的两种拓扑结构及其特点。
（5）熟悉组建无线局域网所需的主要组件。
（6）掌握无线局域网的基本组网技术。

技能目标

（1）能够组建点对点无线对等网。
（2）能够使用无线路由器组建小型无线办公局域网。

任务一　组建点对点无线对等网

一、任务背景描述

你和小王是同宿舍的舍友，两人均拥有笔记本电脑，你们有时需要彼此共享计算机上的文件资料，但你们手头没有交叉双绞线，又不想通过 U 盘拷贝文件，考虑到笔记本电脑都自带了无线网卡，你打算直接使用无线网卡组建一个临时对等网络，用于共享和传输文件。

二、相关知识

（一）无线局域网概述

1．无线局域网的定义

无线局域网（Wireless Local Area Network ，WLAN）是指以无线信号作为传输介质，在一定的局部范围内建立的计算机网络。它是计算机网络与无线通信技术相结合的产物，它以无线多址信道作为传输介质，提供传统有线局域网的功能，使用户真正实现随时、随地、随意的网络接入。无线局域网的本质特点是不再使用通信电缆将计算机与网络连接起来，而是通过无线的方式连接，从而使网络的构建和终端的移动更加灵活。

2．无线局域网的特点

无线局域网是当前整个数据通信领域发展最快的产业之一，与传统的有线局域网相比较，无线局域网具有以下优点。

① 灵活性和移动性。在有线网络中，网络设备的安放位置受布线节点位置的限制，而无线局域网在无线信号覆盖区域内的任何一个位置都可以接入网络。无线局域网的另一个优点在于其移动性，连接到无线局域网的用户可以随意移动且能同时与网络保持连接。

② 安装便捷快速。传统的有线网络要受到布线的限制，如果建筑物中没有预留线路，布线及调试的工程量将非常大，无线局域网可以免去或最大程度地减少网络布线的工作量，一般只要安装一个或多个接入点设备，就可建立覆盖整个区域的局域网络。

③ 易于进行网络规划和调整。对于有线网络来说，办公地点或网络拓扑的改变通常意味着重新构建网络。重新布线是一个昂贵、费时、浪费和琐碎的过程，无线局域网可以避免或减少以上情况的发生。

④ 故障定位容易。有线网络一旦出现物理故障，尤其是由于线路连接不良而造成的网络中断，往往很难查明，而且检修线路需要付出很大的代价。无线网络则很容易定位故障，只需更换故障设备即可恢复网络连接。

⑤ 易于扩展。无线局域网扩容方便，可以很快从只有几个用户的小型局域网扩展到上千用户的大型网络，并且能够提供漫游功能来拓展终端设备的移动范围。

当然，与有线网络相比，无线局域网也有不足之处，主要体现在以下几个方面。

① 性能不稳定。无线局域网依靠无线电波进行传输，容易受到外界环境的干扰，如建筑物、墙壁、树木和其他障碍物都可能阻碍电磁波的传输，所以无线网络一般具有延时长、连接稳定性差、可用性较难预测等特点。

② 传输速率较慢。无线网络的传输速率与有线网络相比要低得多，且信号衰减也比较快。

③ 安全性较差。无线局域网不要求建立物理的连接通道，而是采用公共的无线电波作为载体，无线信号是发散的。从理论上讲，任何人都有条件监听到无线网络覆盖范围内的信号，因此容易造成信息泄漏，形成安全隐患。

3. 无线局域网的应用环境

作为有线网络的无线延伸，无线局域网具有安装便捷、使用灵活、经济节约和易于扩展等诸多优点，被广泛应用在企业、交通运输、金融、零售、医疗、教育、家庭、移动办公等行业，WLAN 的应用环境包括。

① 难以布线的环境：古老建筑物、大型露天区域、城市建筑群、校园和工厂等有线网络架设受限制、布线破坏性很大、难以布线或布线费用昂贵的地方。

② 频繁变动地点的环境：零售商、工厂、银行以及野外勘测、试验、军事、公安和银行等经常更换工作地点和改变位置的机构。

③ 临时设置和安排通讯的地方：商业展览、会议中心、商品交易会等人员流动较强的地方；零售商、空运和航运公司高峰时间所需的额外工作站点；重大事件的现场实况报道等。

④ 使用者流动或不固定的场所：学校、医院、超市或办公大楼等人员流动时也需及时获取信息的区域。

⑤ 家庭和办公室等需进行快速网络连接的地方。

⑥ 酒店、机场、车站、餐厅、咖啡馆等服务性场所。

⑦ 应急区域：由于受灾或其他原因使有线网络遭到破坏，而修复有线网络不方便、成本高或耗时长，这时通过无线网络可以迅速建立应急通信。

（二）无线局域网的主要技术

目前，比较流行的无线接入技术有 IrDA、蓝牙、HomeRF 和 IEEE802.11x 标准。

（1）IrDA

IrDA 是一种利用红外线进行点对点通信的技术，其相应的软硬件技术都已比较成熟，目前广泛使用的家电遥控器几乎都是采用的红外线传输技术。IrDA 无需申请频率的使用权，通信成本低廉，并且还具有体积小、功率低、连接方便、简单易用等特点。此外，红外线发射角度小，传输安全性较高。 IrDA 的不足之处在于红外线对障碍物的透射和绕射能力很差，所以它传输距离较近（一般不超过 3m），且两个通信设备之间必须对准，中间不能有阻挡物，因而该技术只能用于两台设备之间的近距离通信。

（2）蓝牙

蓝牙（Bluetooth）的标准是 IEEE802.15，是一种支持设备短距离通信（一般在 10m 之内）的无线传输技术，它工作在 2.4 GHz 的 ISM（工业科学医疗）频段，其最高传输速率为 1Mbit/s，既支持点到点连接，又支持点到多点的连接，通常用于移动电话、PDA、无线耳机、笔记本电脑及相关外设等设备之间进行无线通信。与红外技术相比，蓝牙具有传输距离远、无角度限制等优点，但传输速率较低且成本高，误码率和保密性也不如红外线通信。

（3）IEEE 802.11x

802.11x 是国际电工电子工程学会（IEEE）为无线局域网制定的标准，该标准的颁布使得无线局域网在各种有移动要求的环境中被广泛接受，它是当前无线局域网最常用的技术标准。802.11x 主要采用无线电波作为传输介质，它的覆盖范围较广，具有很强的抗干扰与抗噪声能力；它采用 2.4GHz 和 5GHz 这两个开放频段（其中 2.4GHz 频段为世界上绝大多数国家采用），该频段没有使用授权的限制，属于工业自由辐射频段，不会对人体健康造成伤害。IEEE 802.11x 包括 802.11a、802.11b、802.11g、802.11n 等标准。

（4）HomeRF

HomeRF 主要是为家庭范围内实现语音和数据通信而制定的一个无线通信规范，是 IEEE 802.11 与 DECT（数字无绳电话标准）相结合的一种开放标准。HomeRF 采用扩频技术，工作在 2.4GHz 频段，它是针对现有无线通信标准的综合和改进。当进行数据通信时，采用 IEEE 802.11 规范中的 TCP/IP 传输协议；当进行语音通信时，则采用数字增强型无绳电话通信标准。HomeRF 采用对等网的结构，每一个节点相对独立，不受中央节点的控制。因此，任何一个节点离开网络都不会影响其他节点的正常工作。但 HomeRF 与 IEEE 802.11b 不兼容，并且占据了 802.11b 和 Bluetooth 的相同频段，因而在应用范围上局限较大，更多的是在家庭网络中使用。

（三）无线局域网标准 IEEE 802.11x

1990 年，IEEE 802 标准化委员会成立无线局域网标准工作组，主要研究工作在 ISM（工业科学医疗）开放频段的无线设备和网络发展的全球标准。

1997 年 6 月，工作组颁布了 IEEE 802.11 标准，该标准规范了无线局域网的物理层和媒体访问控制（MAC）层，使得各种不同厂商的无线产品得以互联，促进了无线局域网在各种有移动要求的环境中被广泛接受。IEEE 802.11 主要用于解决办公室局域网和校园网中用户与用户终端的无线接入，速率最高只能达到 2Mbit/s，业务主要限于数据访问，由于它在速率和传输距离上都不能满足人们的需要，所以很快被新的标准所取代。

1999 年 9 月，IEEE 对 802.11 标准进行了完善和修订，提出了 802.11a 和 802.11b 标准，这两个标准互不兼容。802.11a 工作在 5GHz 频段，数据传输速率最高为 54Mbit/s。由于 2.4GHz 频段日益拥挤，802.11a 采用 5GHz 的频段让其具有更少冲突的优点。然而，802.11a 的高频率也导致它更容易被阻挡吸收，故其几乎被限制在直线范围内使用，这导致 802.11a 的覆盖范围不及 802.11b，需要的接入点也更多，所以 802.11a 没有被广泛采用，使用范围较窄。802.11b 工作在 2.4 GHz 的 ISM 频段，数据传输速率达到 11Mbit/s。相对于 802.11a，802.11b 普及率更高，使用更广泛，已成为主流的 WLAN 标准，但其传输速率不及 802.11a。

2003 年 6 月，IEEE 颁布 802.11g 标准，该标准与 802.11b 使用相同的工作频段（2.4 GHz），因此能够向下兼容 802.11b，但其传输速度更快，最高可达 54Mbit/s。

2009 年 9 月，IEEE 正式通过 802.11n 标准，802.11n 可工作在 2.4GHz 和 5GHz 两个频段，理论传输速率最高可达 600Mbit/s（目前业界主流速率为 300Mbit/s），比 802.11b 快 50 倍，而比 802.11g 快 10 倍左右，且其传输距离也更远，故 802.11n 成为当前 WLAN 发展的主要方向。

IEEE 802.11x 各种标准的对比如下表 6-1 所示。

表 6-1　IEEE 802.11x 各标准比较

无线标准	802.11	802.11a	802.11b	802.11g	802.11n
推出时间	1997 年	1999 年	1999 年	2003 年	2009 年
工作频段	2.4GHz	5GHz	2.4GHz	2.4GHz	2.4GHz、5GHz
最高传输速率	2Mbit/s	54Mbit/s	11Mbit/s	54Mbit/s	600Mbit/s
实际传输速率	低于 2Mbit/s	31Mbit/s	6Mbit/s	20Mbit/s	大于 30Mbit/s
传输距离	100m	80m	100m	150m 以上	100m 以上
主要业务	数据	数据、图像、语音	数据、图像	数据、图像、语音	数据、语音、高清图像

（四）无线局域网的拓扑结构

一般地，WLAN 有两种网络拓扑结构：对等网络和基础结构网络。

1．对等网络（Ad-Hoc 模式）

对等网络是最简单的无线局域网结构，又称为无中心网络或无 AP 网络，它由一组配备无线网卡的计算机（称之为无线终端或无线客户端）组成，这些无线终端具有相同的工作组名、扩展服务集标识符（ESSID）和密码，网络中任意两个站点之间均通过无线网卡点对点直接传输。对等网络仅适用于无线节点数相对较少（通常在 5 台以下）的临时应用环境。对等网络的拓扑结构如图 6-1 所示。

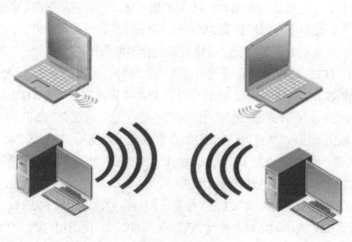

图 6-1　对等网络

2．基础结构网络（Infrastructure 模式）

在基础结构网络中，具有无线网卡的终端以无线接入点（AP）为中心，所有无线通信都通过 AP 来转发，由 AP 控制终端设备对网络的访问。终端通过无线电波与 AP 相连，AP 通过电缆连接有线网络，从而实现无线网络和有线网络的互联。基础结构网络是最常见的一种无线网络部署方式，它的特点是网络易于扩展、便于集中管理，能提供身份验证等，其拓扑结构如图 6-2 所示。

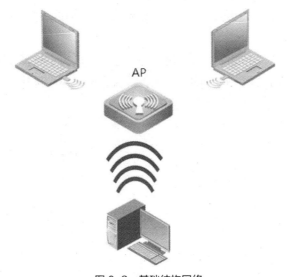

图 6-2　基础结构网络

三、任务实施

（一）任务分析

要直接利用无线网卡在两台或多台笔记本电脑间共享文件，可以考虑搭建点对点的无线对等网，即 Ad-Hoc 模式无线网络。该模式是最简单的无线组网方式，它是一种省去了无线接入点而搭建起来的对等网络结构，只要计算机上安装了无线网卡，彼此之间就可以通过无线方式实现互联。

Ad-Hoc 模式省去了无线接入点，搭建过程比较简单，但是计算机之间的传输距离相当有限，因而该模式比较适合计算机之间的一些临时性无线通信。

（二）网络拓扑

图 6-3　网络拓扑结构

（三）实验设备

两台安装 Windows 7 系统的笔记本电脑（内置无线网卡）或配备无线网卡的台式计算机。

（四）实施步骤

在实施之前，首先应确保两台计算机的无线网卡已经安装驱动程序并能正常工作（确认方法见项目三"任务一"中的相关内容），同时无线网络连接功能已打开。在其中一台计算机上依次执行以下步骤：

（1）单击桌面任务栏右下角的网络连接图标，在弹出窗口中选择"网络和共享中心"，如图 6-4 所示。当然，右击桌面上的"网络"图标，在弹出菜单中选择"属性"，同样可以打开"网络和共享中心"。

图 6-4　打开"网络和共享中心"

（2）在网络和共享中心的"更改网络设置"中，单击"设置新的连接或网络"，如图 6-5 所示。

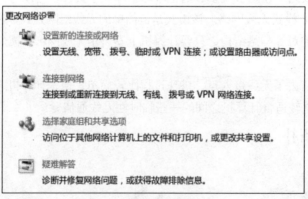

图 6-5　设置新的连接或网络

（3）在连接选项中，单击"设置无线临时（计算机到计算机）网络"，如图 6-6 所示。

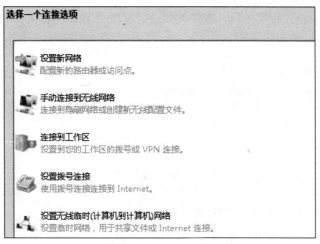

图 6-6　设置无线临时网络

（4）设置无线临时网络的名称（SSID）、加密方式及密码（此处无线网络的名称为"Liang"），如图 6-7 和图 6-8 所示。

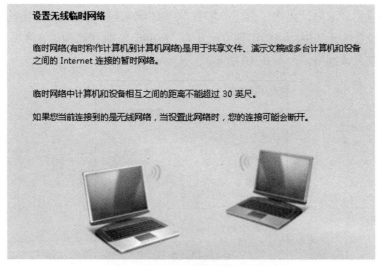

图 6-7　无线网络设置前的说明

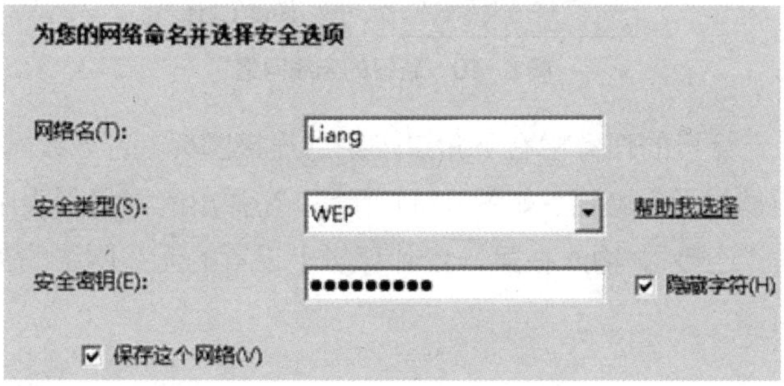

为您的网络命名并选择安全选项		
网络名(T):	Liang	
安全类型(S):	WEP ▼	帮助我选择
安全密钥(E):	●●●●●●●●●●	☑ 隐藏字符(H)
☑ 保存这个网络(V)		

图 6-8　设置无线网络的名称及密码

（5）无线临时网络设置完成后，直接关闭设置窗口（无需启用 Internet 连接共享），如图 6-9 所示。

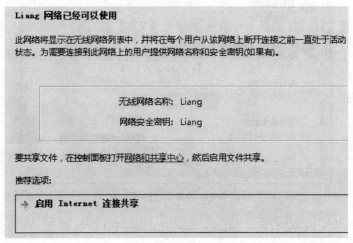

图 6-9　临时网络设置完成

无线网络设置完成后，再次单击任务栏右下角的网络连接图标，在弹出的网络列表中可以看到刚才新设置的无线网络已经出现（此处为"Liang"），其状态为"等待用户"，表示尚未有其他计算机加入该网络，如图 6-10 所示。

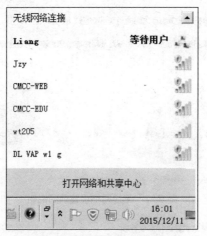

图 6-10　新设的无线网络

（6）在另外一台计算机的任务栏右下角单击网络连接图标，若无线网络连接功能已打开，便可以自动搜索到新设的无线网络，如图 6-11 所示。在弹出的网络列表中选择要连接的无线网络名称，然后单击"连接"，输入在第一台计算机上设置的无线网络的密码，两台计算机便能成功互联。

图 6-11 另外一台计算机上的无线网络

当然，两台计算机互联之后，若要彼此共享文件，还需要在"网络和共享中心"中启用网络发现和文件共享功能，并开启相应的权限，具体操作详见项目三"任务二"中的相关内容。

任务二 组建小型无线办公局域网

一、任务背景描述

你是某公司的网络管理员，公司规模不大，只有 10 余人，现公司搬迁至新办公室，需要接入 Internet 以便和外界联系，考虑到有线网络需要穿墙凿洞，工程量较大，而公司绝大多数同事使用的是笔记本电脑，你打算搭建无线局域网来满足上网要求。无线网络不需布设网线，不影响办公室整体设计及美观，且扩展性较强。当然，考虑到无线信号的开放性，你也准备采取必要的加密及接入控制措施来保证无线网络的安全性。公司预算有限，接入 Internet 拟采用 ADSL 宽带拨号。

二、相关知识

（一）无线局域网的组件

无线局域网可以独立存在，也可以和有线局域网共同存在并进行互联。无线局域网的组件一般包括无线终端、无线接入点或无线路由器、无线网桥、无线天线等。

1．无线终端（无线客户端）

支持 IEEE 802.11 的终端设备，如安装了无线网卡的 PC，支持 WLAN 的移动电话和 PDA 等，都属于无线终端（也称为无线客户端）。终端设备必须配备无线网卡才能进行无线通信，无线网卡的作用类似于有线网络中的以太网网卡，它作为无线网络的接口，能够实现与无线网络的连接与通信。无线网卡根据接口类型的不同，主要分为 3 种：PCI 无线网卡、PCMCIA 无线网卡（适用于笔记本电脑）和 USB 无线网卡，如图 6-12 和图 6-13 所示。目前的笔记本电脑和 PDA 都预置了无线网卡，可以直接和其他无线设备进行交互。

图 6-12　PCMCIA 无线网卡

图 6-13　USB 无线网卡

2．无线接入点

无线接入点（Access Point，AP）是无线局域网的接入点，其作用类似于有线网络中的交换机，它在无线网络和有线网络之间传输数据，是无线用户进入有线网络的接入点。通常情况下，一个无线 AP 最大覆盖距离可达 300m，最多可以支持 30 台计算机的接入（一般推荐在 25 台以下）。

无线 AP 根据功能的差异，可分为胖 AP 和瘦 AP 两种。胖 AP 将天线、加密、认证、网管、漫游、安全等功能集于一身，用户使用时，无需其他附属设备，采用单独的 AP 即可提供无线接入功能，它适合小规模组网。瘦 AP 仅负责无线接入以及加密、认证中的部分功能，不能单独使用，必须和 AC（无线控制器）配合使用，适合大规模组网。

无线 AP 根据安放位置的不同，还可以分为室内型和室外型，如图 6-14 和 6-15 所示。

图 6-14　室内型无线 AP

图 6-15　室外型无线 AP

3．无线路由器

无线路由器是无线 AP 与宽带路由器的一种结合体。借助于无线路由器的功能，可实现家庭或办公无线网络中的 Internet 连接共享，通过 ADSL 实现和小区宽带的无线共享接入；另外，无线路由器可以把通过它进行无线和有线连接的终端都分配到同一个子网，这样子网内的各种设备交换数据就非常方便。换句话说，无线路由器除了具有 AP 的功能外，还能通过它让所有的无线和有线终端共享上网。家用无线路由器如图 6-16 所示。

图 6-16　家用无线路由器

4．无线网桥

无线网桥通常用于室外，它利用无线传输方式在不同独立网络之间搭起通信的桥梁，这些独立的网络通常位于不同的建筑内，相距几百米到几十公里。使用无线网桥不可能只使用一个，必须两个以上配对使用，而 AP 可以单独使用。无线网桥具有功率大，传输距离远（最大可达 50km），抗干扰能力强等特点。无线网桥一般不自带天线,通过配备抛物面天线实现长距离的点对点连接。无线网桥如图6-17所示。

图6-17 无线网桥

5.无线天线

当无线网络中各网络设备相距较远时,随着信号的衰减,传输速率会明显下降以致无法实现无线网络的正常通信,此时就要借助于无线天线对所接收或发送的信号进行增强。无线网络设备如无线网卡、无线路由器等都自带有无线天线,同时还有单独的无线天线。无线天线常见的有室内天线和室外天线两种,如图6-18和图6-19所示。

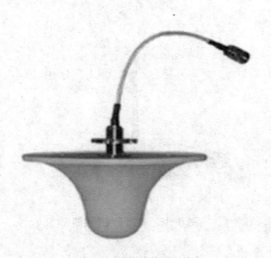

图6-18 室内吸顶天线

图 6-19　室外定向天线

（二）无线局域网的安全技术措施

无线网络的安全是 WLAN 系统的一个重要组成部分。由于 WLAN 采用公共的电磁波作为载体来传输网络信号，通信双方没有线缆连接，如果传输链路未采取适当的加密保护，数据传输的风险就会大大增加。面对无线网络带来的安全威胁，WLAN 制定了一系列的安全措施，其中主要的有：禁止 SSID 广播、MAC 地址过滤、认证和加密、端口访问控制技术（802.1x）几种。

1. 禁止 SSID 广播

SSID（服务集标识符）就是无线网络的名称，无线终端只有知道 SSID，才能通过 AP（或无线路由器）访问网络。SSID 通常由 AP 广播出来，无线终端通过自带的扫描功能可以查看当前区域内的可用 SSID。出于安全考虑，如果不想让外来人员随意使用无线网络，可以考虑禁止 SSID 广播。禁止 SSID 广播后，该无线网络仍然可以使用，只是不会出现在无线终端所搜索到的可用网络列表中，无线终端若要访问网络，必须输入正确的 SSID，所以可以认为 SSID 是一个简单的口令，提供了一定的安全性。当然，即使 SSID 不广播，入侵者仍然可以通过某些工具扫描到无线网络并顺利入侵。

2. MAC 地址过滤

MAC 地址过滤就是通过 MAC 地址（物理地址）来决定是否允许或拒绝特定的用户访问无线网络。由于每个无线终端的网卡都有一个唯一的 MAC 地址，因此可以在 AP 中手工维护一组允许或禁止访问网络的 MAC 地址列表，以实现基于 MAC 地址的访问过滤。MAC 地址过滤要求 AP 中的 MAC 地址列表必须随时更新，且只能手工添加或删除，因而维护工作量大，可扩展性差；而且 MAC 地址在理论上可以伪造，因此这也是较低级别的安全技术。

3. 认证和加密机制

目前，无线加密方式主要有两种：WEP 和 WPA 加密。

（1）WEP 加密

有线等效加密（Wired Equivalent Privacy，WEP）是无线网络最早的加密方式，它使用

RSA 开发的 RC4 对称加密算法来保证数据的保密性，它采用静态的加密密钥，通过共享密钥来实现认证，AP 和无线终端必须使用相同的密钥才能访问网络。

WEP 加密密钥的长度一般有 64 位和 128 位两种。其中初始化向量（24 位）是由系统产生的，因此需要在 AP 和终端上配置的共享密钥就只有 40 位或 104 位。在实际中，已经广泛使用 104 位密钥的 WEP 来代替 40 位密钥的 WEP。虽然 WEP104 在一定程度上提高了 WEP 加密的安全性，但是受到 RC4 加密算法以及静态密钥的限制，WEP 加密还是存在比较大的安全隐患。

WEP 加密方式可以分别和以下两种链路认证方式一起使用。

开放系统认证：可以称之为"无验证"，此时 WEP 密钥只做加密不做认证，即使 AP 和终端的密钥不一致，用户也可以上线，但上线后传输的数据会因为密钥不一致被接收端丢弃，即终端可以关联上 AP，但无法上网。

共享密钥认证：此时 WEP 密钥同时用作认证和加密，如果 AP 和终端密钥不一致，终端会立刻被拒绝，无法上线。

（2）WPA 加密

Wi-Fi 保护访问（Wi-Fi Protected Access，WPA）是代替传统 WEP 的另外一种加密方式。WPA 是一种继承了 WEP 基本原理而又解决了 WEP 缺点的新的安全技术。由于 WPA 加强了生成加密密钥的算法，因此即便捕获到无线分组信息并对其进行解析，也几乎无法计算出通用密钥，因而 WPA 的安全性大大加强。WPA 加密有两个版本：WPA 和 WPA2，采用的加密认证方式有四种：WPA、WPA-PSK、WPA2、WPA2-PSK，其中的 WPA-PSK 和 WPA2-PSK 分别是 WPA 和 WPA2 的简化版本。WPA 与 WPA-PSK、WPA2 与 WPA2-PSK 采用的是相同的加密机制，其区别仅在于 WPA-PSK、WPA2-PSK 的认证机制只是简单的密码认证，而不是针对用户特定的账户属性进行身份认证。一般对于家庭用户来说，我们都采用 WPA-PSK 或 WPA2-PSK。

4．端口访问控制技术（802.1x）

IEEE 802.1x 协议是一种基于端口的网络接入控制协议。这种认证方式在无线接入设备（即 AP）的端口对所接入的用户设备进行认证和控制。连接在接口上的用户设备如果能通过认证，就可以访问 WLAN 中的资源；如果不能通过认证，则无法访问 WLAN 中的资源。

一个具有 802.1x 认证功能的无线网络系统必须具备以下三个要素才能够完成基于端口访问控制的用户认证和授权：

认证客户端：一般安装在用户的终端设备上，当用户有上网需求时，激活认证客户端程序，输入必要的用户名和口令，客户端程序将会送出连接请求。

认证者：在无线网络中就是 AP 或者具有 AP 类似功能的通信设备。其主要作用是完成用户认证信息的上传、下达工作，并根据认证的结果打开或关闭端口。

认证服务器：通过检验客户端发送来的身份标识（用户名和口令）来判别用户是否有权使用网络系统提供的服务，并根据认证结果向认证者发出打开或保持端口关闭的状态。一般普遍采用 Radius 作为认证服务器。

三、任务实施

（一）任务分析

1. 无线组网方式的选择

组建无线局域网一般有两种方案：对等网络和基础结构网络。对等网络（或称 Ad-Hoc 模式）是最简单的无线网络结构，只要每台计算机上安装有无线网卡，就可以实现计算机之间的无线通信，但该模式传输距离短、连接的客户端很少，且无法连接外网实现 Internet 通信。

基础结构网络（或称 Infrastructure 模式）是最常见的一种无线网络部署方式，它是以 AP（或无线路由器）为中心，终端以无线方式通过 AP 接入网络，并由 AP 实现无线网络和有线网络的互联，该模式具有易于扩展网络、便于集中管理等优点。综上所述，基础结构网络无疑是构建本无线办公网络的最佳选择。

2. 接入设备的选择

在基础结构网络中，以无线 AP 或无线路由器为接入设备，均可以实现无线通信。无线 AP 就是一个无线交换机，它只具有无线接入功能，没有路由功能；而无线路由器是 AP 和路由器的结合体，它的功能比较强大，除具有 AP 的接入功能外，还具有路由、DHCP、NAT、防火墙等功能，可以实现自动拨号、共享上网，它不仅能够连接无线设备，也能够连接少量的有线设备（一般为 4 台）。当然，AP 与无线路由器相比，它的覆盖范围更广，可接入的无线终端更多，但价格一般也比路由器贵。

综上所述，因本办公室人员较少，面积也不大，而路由器的价格一般比 AP 便宜，且路由器可以实现 ADSL 自动拨号上网，从实用性及经济性考虑，本任务选择路由器作为接入设备。

（二）网络拓扑

图 6-20　网络拓扑结构图

（三）实验设备

① 安装 Windows 7 系统的笔记本电脑或台式计算机数台（台式计算机需配备无线网卡）

② TP-Link 无线路由器 1 台（此处以 TL-WR745N 为例，若采用其他型号或其他品牌的无线路由器来代替，配置界面可能有些差异）

③ ADSL 调制调解器（即 Modem，俗称为"猫"）1 个

④ 普通网线多条、电话线 1 条

（四）实施步骤

1．硬件连接

将无线路由器和 Modem 的电源线连接到电源插座上，确保设备供电正常（若无线路由器曾经使用过，可长按路由器的"Reset"键将其复位）。连线时，使用一条网线从计算机主机的网卡连接到无线路由器的 LAN 口（任意 LAN 口均可），再使用另外一条网线从无线路由器的 WAN 口连接到 Modem 的 LAN 口，最后使用电话线从 Modem 的 Line 口连接到墙上的电话线接口上，具体的硬件连线示意如图 6-21 所示。

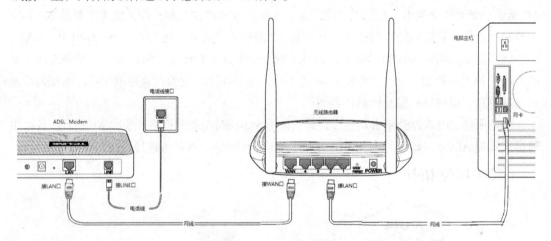

图 6-21　硬件连线示意图

2．配置无线路由器

（1）设置计算机的 IP 地址

在计算机的"本地连接"中，将其 IP 地址设置成与无线路由器的默认 IP 地址在同一网段。TP-Link 无线路由器的默认 IP 一般为 192.168.1.1（其他品牌路由器的默认 IP 可参看随机附送的说明书），将计算机的 IP 设置成 192.168.1.X 即可。此计算机暂时用来配置无线路由器，待配置完毕后，需要将其 IP 地址设置成"自动获得 IP 地址"，以便从无线路由器动态获取 IP 地址。

（2）登录路由器

打开网页浏览器，在地址栏输入 http://192.168.1.1，然后回车，在打开的登录界面输入无线路由器的默认管理账号（TP-Link 的默认用户名和密码均为 admin，其他品牌路由器的默认账号可参看随机附送的说明书），如图 6-22 所示。

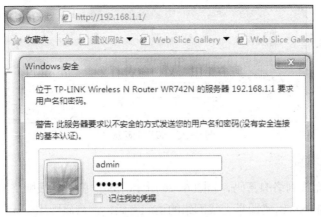

图 6-22　登录路由器

（3）进入设置向导

进入路由器的设置界面后，单击左侧的"设置向导"，进入设置向导对话框，如图 6-23 所示，然后单击"下一步"。

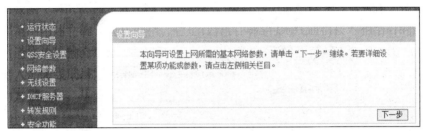

图 6-23　进入设置向导

（4）选择上网方式

若使用 ADSL 宽带上网，则选择"PPPOE"；若通过局域网上网，则一般选择"动态 IP"。当然，若不清楚自己的上网方式，也可以直接选择"让路由器自动选择上网方式"，此处我们选择第二项"PPPOE"，如图 6-24 所示。

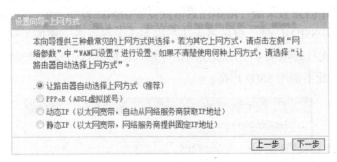

图 6-24　设置上网方式

（5）设置上网账号

输入电信营运商提供的 ADSL 宽带账号及密码，如图 6-25 所示。

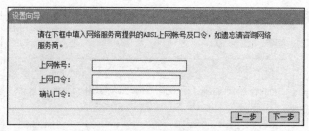

图 6-25　设置上网账号

（6）设置无线参数

输入 SSID 和无线网络的密码，如图 6-26 所示。SSID 就是无线网络的名称，最长不超过 32 个字符；此处的 PSK 密码即是无线网络的访问密码，该密码既用于无线网络的接入认证，也用于加密无线信号。

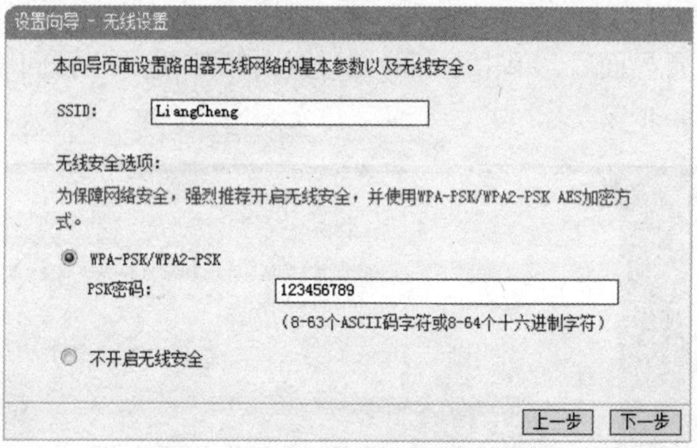

图 6-26　设置无线网络名称及密码

至此，无线路由器的基本设置已经完成，路由器已经可用。关闭设置向导后，先将计算机的 IP 地址设置成自动获取，然后打开浏览器，输入一个常用的网址，测试能否正常上网。

当然，若要对刚才设置的参数进行修改或增加无线网络的安全性，可继续进行下面的操作。

（7）修改 SSID

单击左侧的"无线设置"→"基本设置"，可修改 SSID 名称及是否禁用 SSID 广播，如图 6-27 所示。若禁用 SSID 广播，终端将无法扫描到该无线网络，增加了网络的安全性。但禁用 SSID 广播后，无线终端需要手动添加网络并输入正确的 SSID，这增加了终端用户的工作量和复杂性，故此处不禁用 SSID 广播。

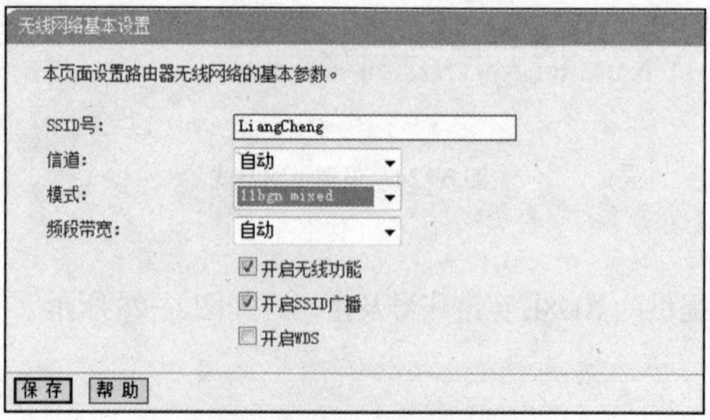

图 6-27　修改 SSID 及选项

（8）修改无线网络的安全选项

单击左侧的"无线设置"→"无线安全设置"，可修改无线网络的加密类型及密码，如图6-28所示。无线网络的认证类型及加密算法一般不需要修改，采用默认值即可，但为了增加他人暴力破解无线密码的难度，加密密码可以设置得复杂一些。

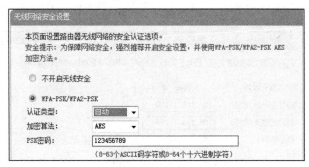

图 6-28　修改无线网络的加密类型及密码

（9）设置 MAC 地址过滤

单击左侧的"无线设置"→"无线 MAC 地址过滤"，可通过 MAC 地址过滤来控制终端能否访问无线网络，如图 6-29 所示。若不希望外人使用本公司的无线网络，可以将本公司所有计算机的 MAC 地址添加至此处的允许列表中，并"启用过滤"功能，这样一来，其他外部计算机将无法使用该网络。

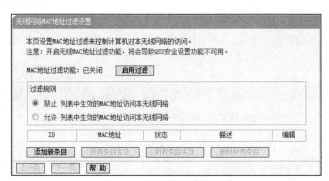

图 6-29　设置 MAC 地址过滤

（10）ADSL 自动拨号

为了让计算机开机或掉线后可以自动连接网络，可以单击左侧的"网络参数"→"WAN口设置"，在连接模式中选择"自动连接"，如图 6-30 所示。

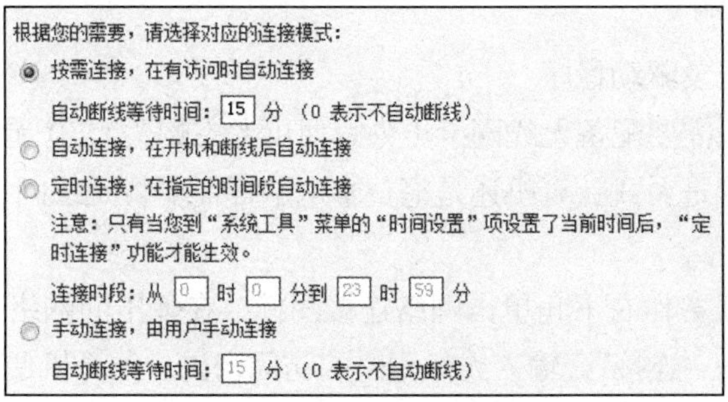

图 6-30　设置 ADSL 自动拨号

（11）设置 DHCP 服务

为方便客户端自动获取 IP 参数，可启用 DHCP 服务功能（默认已启用）。单击左侧的 "DHCP 服务器" → "DHCP 服务" 来启用 DHCP 服务器，并可以修改地址池中的可分配的 IP 地址范围，如图 6-31 所示。当然，基于安全考虑，可以关闭 DHCP 服务，这时客户端需要手工配置 IP 地址、网关等参数。

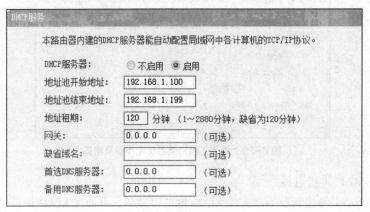

图 6-31　设置 DHCP 服务

（12）修改无线路由器的默认管理账号

登录 TP-Link 路由器的默认用户名和密码均为 admin，世人皆知，存在较大的安全隐患，故基于安全考虑，应修改路由器的默认管理账号。单击左侧的 "系统工具" → "修改登录口令"，先输入原用户名和密码，再输入新用户名和新密码，便可以成功修改路由器的管理账号，如图 6-32 所示。

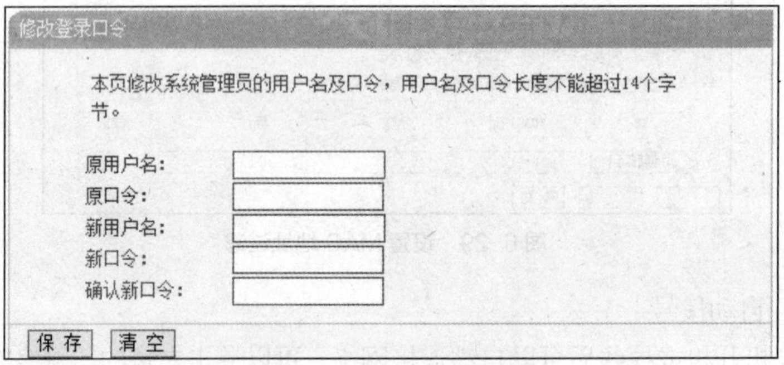

图 6-32　修改默认管理账号

3．配置无线客户端

（1）安装无线网卡及驱动程序

首先，台式计算机需要配备无线网卡（为方便可考虑购买 USB 无线网卡）并安装相应的驱动程序，同时，不管是台式计算机还是笔记本电脑都需要将无线网络连接功能打开。

（2）连接无线网络

在计算机桌面的任务栏右下角单击网络连接图标，在弹出的网络列表中选择要连接的无线网络名称，然后单击 "连接"，输入无线网络的访问密码，计算机便可以自动从无线路由器获取 IP 地址并成功上网。

4.连接有线客户端

若有少量台式计算机没有配备无线网卡而需要上网的话，可使用网线将计算机连接到路由器的 LAN 口，并将计算机的 IP 地址设置成与无线路由器管理 IP 在同一网段（注意：不要与其他无线客户端的 IP 冲突）。因无线路由器一般只有 4 个"LAN"口，所以连接的有线客户端不能超过 4 台。

四、拓展知识

无线局域网（WLAN）的相关术语如下。

① SSID（Service Set Identifier，服务集标识符）：即无线网络的名称，WLAN 用 SSID 来区分不同的无线网络，最多可以有 32 个字符；SSID 通常由 AP 广播出来，通过无线终端自带的扫描功能可以查看当前区域内的 SSID。出于安全考虑，AP 也可以设置为不广播 SSID，此时用户就要手工设置 SSID 才能进入相应的网络。

② ESSID：扩展服务集标识，即通常所说的 SSID，无线网络的名称。

③ BSS（Basic Service Set，基本服务集）：一个无线 AP 提供的覆盖范围，由一台 AP 及数台终端所组成的无线网络，如图 6-33 所示。在一个 BSS 的服务区域内（即射频信号覆盖的范围内），使用相同的 SSID 的终端之间能够相互通信。

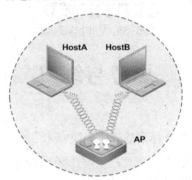

图 6-33　基本服务集

④ ESS（Extended Service Set，扩展服务集）：一个 BSS 可以通过 AP 来进行范围扩展，由多个 BSS 以及连接它们的 DS（分布式系统）组成的网络即可被定义成一个 ESS，用户可在 ESS 上漫游及存取 BSS 系统中的任何资料，如图 6-34 所示。

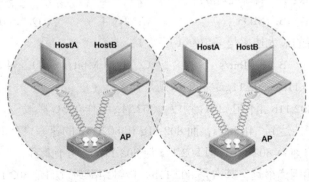

图 6-34　扩展服务集

⑤ 漫游：指无线终端从一个 AP 切换到另外一个 AP 的过程，即终端设备在一组 AP 覆盖范围内自由移动，并对用户提供无缝连接。要实现漫游，相邻的 AP 之间必须存在一定的重叠区域且使用相同的 SSID。

⑥ DS（Distribution System，分布式系统）：即将各个无线接入点连接起来的骨干网络，通常是以太网。

⑦ Wi-Fi（Wireless-Fidelity）：Wi-Fi 联盟是一个商业联盟，是一个成立于 1999 年的非牟利国际协会，它负责 Wi-Fi 认证与商标授权的工作，主要目的是在全球范围内推行 Wi-Fi 产品的兼容认证，发展 802.11 技术。目前，该联盟成员单位超过 200 家，其中中国区会员有 5 个。凡是通过 Wi-Fi 认证的产品都被准予打上 "Wi-Fi CERTIFIED" 的标记（见图 6-35），并可以确保该产品与其他 Wi-Fi 认证产品互相兼容。

图 6-35　WIFI 认证标志

思考与练习

一、单选题

1. 下列 802.11x 标准中，哪个标准的速度最快？（　　　）

A. 802.11a　　　　　B. 802.11b　　　　　C. 802.11g　　　　　D. 802.11n

2. 蓝牙使用的是哪一个频段？（　　　）

A. 5GHz　　　　　B. 2.4GHz　　　　　C. 4.7G Hz　　　　　D. 8G Hz

3. WLAN 采用哪种介质进行通信？（　　　）

A. 红外线　　　　　B. 无线电波　　　　　C. 激光　　　　　D. 微波

4. WEP 使用的是哪一种加密算法？（　　　）

A. AES　　　　　B. MD5　　　　　C. RC4　　　　　D. 3DES

5. 802.11g 支持的最大速率是多少？（　　　）

A. 2Mbit/s　　　　　B. 8 Mbit/s　　　　　C. 11M Mbit/s　　　D. 54 Mbit/s

6. 802.11a、802.11b、802.11g 之间的区别是什么？（　　　）

A. 802.11a 和 802.11b 工作在 2.4G 频段，802.11g 工作在 5G 频段

B. 802.11a 速率能达到 54Mbit/s，而 802.11g 和 802.11b 的速率只有 11 Mbit/s

C. 802.11g 可以兼容 802.11b，但 802.11a 与 802.11b 之间不兼容

D. 802.11a 传输距离最远，其次是 802.11b，传输距离最近的是 802.11g

二、多选题

1. WLAN 使用的频段有哪些？（　　　）

A. 5GHz   B. 1.8GHz   C. 4.7G Hz   D. 800MHz

E. 2.4GHz

2. 在 WLAN 中，下列哪些方式是用于对无线信号进行加密的？（　　　）

A. SSID 隐藏   B. MAC 地址过滤   C. WEP   D. 802.1X

E. WPA

3. 在 WLAN 中，主要的网络拓扑结构有哪几种？（　　　）

A. 广播结构   B. Ad-Hoc 结构   C. 点对多点结构   D. 多点对多点结构

E. Infrastructure 结构

三、简答题

1. WLAN 与有线网络相比有哪些优缺点，一般应用在哪些环境中？

2. 在 WLAN 的两种拓扑结构中，Ad-Hoc 和 Infrastructure 结构各有何特点？

项目七
构建安全的校园网络

互联网是对全世界都开放的网络，任何单位和个人都可以在网上方便地传输和获取各种信息，互联网具有的开放性、共享性、国际性的特点就对计算机网络安全提出了挑战。随着计算机网络的飞速发展，我国已成为全球最大的网络市场，伴随着互联网的普及，网络安全事件呈上升趋势，网络信息的安全问题也日渐突出，它已经成为了计算机领域的一个重大课题。

当前，信息安全已经上升到国家战略高度，国家"十三五"规划纲要提出：统筹网络安全和信息化发展，完善国家网络安全保障体系，强化重要信息系统和数据资源保护，提高网络治理能力，保障国家信息安全。

通过本项目的学习，应达到以下目标。

知识目标

（1）了解计算机网络安全面临的主要威胁。
（2）熟悉网络攻击的类型及含义。
（3）了解网络安全的层次结构。
（4）了解网络安全的相关技术。
（5）熟悉计算机病毒的传播途径。

技能目标

（1）能够描述常见网络攻击的方式及其含义。
（2）能够分析校园网的特点及其安全需求。
（3）能够简要描述构建安全校园网所需的软硬件。

一、项目背景描述

校园网是利用现代网络技术、多媒体技术及 Internet 技术建立起来的园区网，是能够为学校师生提供教学应用、科研应用、管理与综合信息服务的计算机网络系统。校园网要为学校教学、科研提供先进的信息化网络环境，校园网提供的网络应用服务系统主要包括：网络基础服务（如信息门户、E-mail、DNS、DHCP 服务等）、管理类服务（如办公系统、教务管理、财务管理、学生工作管理、一卡通、人事、设备、科研和图书管理系统，以及学生上网计费管理系统等）、教学类服务（如网络课程平台、精品课程制作平台、网上多媒体课件库等）、数字图书资源系统（如数字图书、电子期刊文献库系统等）等 20 余项应用系统。

随着校园网规模的扩大和网络应用的深入，网络安全问题日益突出。如何保证网络通信和信息系统的安全，使其稳定、高效的运行已经成为校园网管理者不可回避的问题。

二、相关知识

（一）计算机网络安全现状

随着信息技术的快速发展和广泛应用，计算机网络给人们带来信息资源共享等极大便利的同时，计算机网络安全问题已成为这个时代人类共同面临的挑战，网络安全问题也日益突出：如计算机系统受病毒感染和破坏的情况相当严重；计算机黑客活动已形成重要威胁；信息基础设施面临网络安全的挑战；信息系统在预测、反应、防范和恢复能力方面存在许多薄弱环节；网络政治颠覆活动频繁等。

1．网络安全威胁的类型及途径

网络安全威胁的主要来源包括人为因素、信息存储与传输过程以及系统运行环境等，主要表现为非法授权访问、黑客入侵、线路窃听、病毒破坏、假冒合法用户、干扰系统正常运行、修改或删除数据等。这些威胁大致可以分为主动攻击（故意威胁）和被动攻击（无意威胁）两类，网络安全面临的主要威胁包括以下几方面。

① 窃听：攻击者通过监视网络数据获得敏感信息，从而导致信息泄密。主要表现为网络上的信息被窃听，这种仅窃听但不破坏网络中传输信息的网络侵犯者被称为消极侵犯者。恶意攻击者往往以此为基础，再利用其他工具进行更具破坏性的攻击。

② 重传：攻击者事先获得部分或全部信息，此后将此信息发送给接收者。

③ 篡改：攻击者对合法用户之间的通讯信息进行修改、删除、插入，再将伪造的信息发送给接收者，这就是纯粹的信息破坏，这样的网络侵犯者被称为积极侵犯者。积极侵犯者截取网上的信息包，并对之进行更改使之失效，或者故意添加一些有利于自己的信息，起到信息误导的作用。积极侵犯者的破坏作用最大。

④ 拒绝服务攻击：攻击者通过某种方法使系统响应减慢甚至瘫痪，阻止合法用户获取服务。

⑤ 行为否认：通讯实体否认已经发生的行为。

⑥ 电子欺骗：通过假冒合法用户的身份来进行网络攻击，从而达到掩盖攻击者真实身份，嫁祸他人的目的。

⑦ 非授权访问：没有预先经过同意，就使用网络或计算机资源被看作是非授权访问。它主要有以下几种形式：假冒、身份攻击、非法用户进入网络系统进行违法操作、合法用户以未授权方式进行操作等。

⑧ 传播病毒：通过网络传播计算机病毒，其破坏性非常高，而且用户很难防范。如众所周知的 CIH 病毒、蠕虫病毒、红色代码、尼姆达病毒、求职信、欢乐时光病毒等都具有极大的破坏性，严重的可使整个网络陷入瘫痪。

虽然影响网络安全的类型多种多样，但是入侵者几乎都将与网络系统应用相关的网站、操作系统、数据库系统、网络资源和应用服务等作为攻击目标。目前在网络应用中存在较大安全隐患的包括一些电子商务网站、网上银行、股票证券、网络游戏、软件下载、流媒体等。这些网络平台本身由于软件研发时比较强调开放性、兼容性，所以自身安全性不高，密码账号易被黑客攻击、窃取；同时，这些公众平台也非常容易成为黑客攻击的对象和病毒传播的主要途径，如图 7-1 所示。

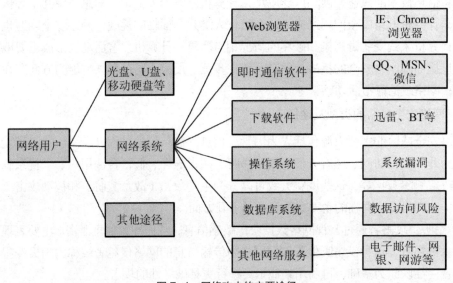

图 7-1　网络攻击的主要途径

2．网络攻击类型

由于 Internet 的开放性和匿名性特征，未授权用户对网络的入侵变得日益频繁，据统计，在全球范围内每数秒钟就发生一起网络攻击事件。当前，网络攻击的手段不断更新，层出不穷，大致说来，可以分为如下 6 类：信息收集型攻击、访问类攻击、Web 攻击、拒绝服务类攻击、病毒类攻击、溢出类攻击。常见的网络攻击方式如图 7-2 所示。

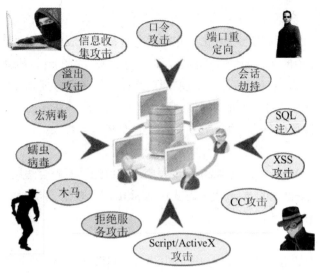

图 7-2　常见的网络攻击方式

（1）信息收集型攻击

信息收集型攻击并不对目标本身造成危害，在大多数情况下，它是其他攻击方式的先导，被用来为进一步入侵提供有用信息。信息收集型攻击通过向目标主机发送数据包，然后根据响应来搜集系统信息，发现服务器的端口分配及所提供的服务和软件版本，并可以进一步检测远程或者本地主机的脆弱性。此类攻击通常包含地址扫描、网络端口扫描、操作系统探测、漏洞扫描等。

（2）访问类攻击

访问类攻击指的是攻击者在获得主机或网络的访问权限后，肆意滥用这些权限进行信息篡改、信息盗取等攻击行为。常见的访问类攻击包括口令攻击、端口重定向、中间人攻击（会话劫持）等。

① 口令攻击

账号和口令常用来作为信息系统身份认证的一种手段。攻击者通过获取系统管理员或其他特殊用户的口令，就能非法获取目标系统的访问权限，从而随心所欲地窃取、破坏和篡改目标系统的信息。获取用户口令可通过网络监听、木马病毒、字典穷举法、破解存放口令的文件等方式来达到目的。口令攻击是黑客最喜欢采用的入侵网络的方法。

② 端口重定向

端口重定向指的是攻击者对指定端口进行监听，把发给这个端口的数据包转发到指定的第二目标。一旦攻陷了某个关键的目标系统（如防火墙），攻击者就可以通过端口重定向技术把数据包转发到某一个指定地点去，这种攻击的潜在威胁非常大，能让攻击者访问到防火墙后面的任一系统。

③ 中间人攻击（会话劫持）

中间人攻击是一种间接的入侵攻击，它通过各种技术手段将受入侵者控制的一台计算机虚拟放置在网络连接中的两台通信计算机之间，而这台被控制的计算机就被称为"中间人"。发动中间人攻击时，攻击者位于合法主机的通信路径中间，通过捕获、修改、转发双方之间的数据包来达到攻击的目的，从而实现信息篡改、信息盗取等非法目的。通常，这种"拦截数据-修改数据-转发数据"的过程也被称为"会话劫持"。

（3）Web 攻击

Web 攻击是攻击 Web 站点或 Web 应用程序，其目的是阻碍合法用户对网站的访问，或者降低网站的可靠性。常见的 Web 攻击方式包括 SQL 注入攻击、跨站脚本攻击（XSS 攻击）、CC 攻击、Script/ActiveX 攻击等。

① SQL 注入攻击

SQL 注入攻击的基本原理是在用户输入中注入一些额外的特殊符号或 SQL 语句，使系统构造出来的 SQL 语句在执行时改变了查询条件，或者附带执行了攻击者注入的 SQL 语句，从而让攻击者达到非法的目的。它的产生主要是由于程序对用户输入的数据没有进行细致的过滤，致使非法数据导入查询。SQL 注入攻击可获取到 Web 服务器的控制权限，轻则篡改网页内容，重则危害数据库的完整性，窃取内部重要数据，更为严重的则是在网页中植入恶意代码，使得网站访问者受到侵害。

② 跨站脚本攻击（XSS 攻击）

跨站脚本攻击是由于 Web 应用程序没有对用户的输入和输出进行严格的过滤和转换，恶意攻击者可以往 Web 页面里插入一段恶意的脚本或者 HTML 代码，当用户浏览网页时，嵌入在 Web 里面的恶意代码就会被执行，从而使恶意用户达到盗取用户资料、利用用户身份执行某种动作或者对访问者进行病毒侵害的目的。

③ CC 攻击

CC 攻击（Challenge Collapsar）是 DDOS（分布式拒绝服务）攻击的一种，它主要是用来攻击 Web 页面。攻击者利用大量代理服务器对目标系统发起大量连接，导致目标服务器资源枯竭造成拒绝服务，从而致使正常的网络访问被中断。

④ Script/ActiveX 攻击

Script 是一种可执行的脚本，它一般由某些脚本语言写成，可以通过少量的程序代码来完成大量的功能。Script 的一个重要应用就是嵌入在 Web 页面里面，执行一些静态 Web 页面标记语言（HTML）无法完成的功能，比如本地计算、数据库查询和修改等。这些脚本在带来方便和强大功能的同时，也为攻击者提供了良好的攻击途径。如果攻击者写一些对系统有破坏的 Script，然后嵌入在 Web 页面中，一旦这些页面被下载到本地，计算机便以当前用户的权限执行这些脚本，这就是 Script 攻击。

ActiveX 是一种控件对象，它是建立在 Microsoft 的组件对象模型（COM）之上的，而 COM 则几乎是 Windows 操作系统的基础结构。ActiveX 控件可以嵌入在 Web 页面里，当浏览器下载这些页面到本地后，也相应地下载了嵌入在其中的 ActiveX 控件，这些控件便可以在本地浏览器进程空间中运行。如果一个恶意攻击者编写了一个含有恶意代码的 ActiveX 控件，然后嵌入在 Web 页面中，当该页面被一个浏览用户下载后执行，其破坏作用是非常大的，这便是所谓的 ActiveX 攻击。

（4）拒绝服务类攻击

拒绝服务类攻击通常是利用传输协议的某个弱点、系统或服务存在的漏洞，对目标系统发起大规模的访问，用超出目标处理能力的海量数据包消耗系统资源、带宽资源等，致使其无法处理合法用户的正常请求，无法提供正常服务，最终使网络服务瘫痪，甚至系统死机。

拒绝服务类攻击的表现形式主要有两种：带宽消耗型和资源消耗型，它们都是通过大量合法或者伪造的请求占用大量网络和服务器系统资源，以达到瘫痪网络及计算机系统的目的。带宽消耗型攻击包括：UDP 洪水攻击（UDP Flood）、ICMP 洪水攻击（ICMP Flood）、死亡之 ping（ping of Death）、 Smurf 攻击、泪滴攻击（tear drop）等；资源消耗型攻击包括 SYN 洪水攻击（SYN Flood）、Land 攻击、IP 欺骗攻击等。

（5）病毒类攻击

计算机病毒是一段附着在其他程序上的可以实现自我繁殖的程序代码。常见的病毒类攻击包括木马病毒、蠕虫病毒、宏病毒等。

① 木马病毒

木马（Trojan）的全称是"特洛伊木马"，是一种新型的计算机网络病毒程序，是一种基于远程控制的黑客工具。木马与一般的病毒不同，它不会自我繁殖，也并不去感染其他文件，而是通过将自身伪装成某些用户感兴趣的程序吸引用户下载和执行。用户计算机一旦感染了木马，黑客就可以任意窃取信息、毁坏文件，甚至远程操控计算机。

② 蠕虫病毒

蠕虫病毒利用网络的通信功能进行复制和传播，其主要传播途径是网络和电子邮件。蠕虫病毒与普通的计算机病毒不同，它不需要通过将自身附加到其他程序上的方式来复制自己，而是可以通过网络自行传播。大多数的蠕虫病毒本身并不具有太多破坏性特性，主要以消耗网络带宽和系统资源为主，但 2006 年年底大规模爆发的蠕虫病毒"熊猫烧香"及其变种却会破坏用户的大部分重要数据。

③ 宏病毒

所谓宏，就是一些命令组织在一起，作为一个单独命令来完成一个特定任务。宏病毒是一种寄存在文档或模板的宏中的计算机病毒。一旦打开这样的文档，其中的宏就会被执行，于是宏病毒就会被激活，转移到计算机上，并长期驻留在 Normal 模板上。从此以后，所有自动保存的文档都会感染上这种宏病毒，而且如果其他用户打开了感染病毒的文档，宏病毒又会转移到其他的计算机上。宏病毒的主要危害是造成文档不能正常打印、封闭或改变文件存储路径、将文件改名、乱复制文件、关闭有关菜单功能、文件无法正常编辑等。

（6）溢出类攻击

当计算机向缓冲区内填充数据时，数据长度超过了缓冲区本身的容量，多余的数据就会覆盖在其他数据区上，这就称作"缓冲区溢出"。缓冲区溢出攻击主要是利用系统或软件的设计漏洞来进行，它可以造成多种攻击后果，如程序运行失败、系统崩溃以及重新启动等，更为严重的是，可以利用缓冲区溢出执行非授权指令，甚至取得系统特权，从而进行各种非法操作等。

3．网络安全技术的发展趋势

（1）云安全技术

当前，计算机病毒以海量的速度在增加，每天大约有 2 万个新的恶意程序出现，传统的杀毒软件已经越来越难以有效处理日益增多的恶意程序，在这种情况下，杀毒软件采用特征库来识别病毒显然已经过时，于是"云安全"技术应运而生。"云安全"是基于云计算技术演变而来的一种互联网安全防御理念，它融合了并行处理、网格计算、未知病毒行为判断等新兴技术和概念，通过网状的大量客户端对网络中软件行为的异常监测，获取互联网中木马、恶意程序的最新信息，传送到服务器端进行自动分析和处理，再把病毒和木马的解决方案分发到每一个客户端。应用云安全技术后，识别和查杀病毒不再仅仅依靠本地硬盘中的病毒库，而是依靠庞大的网络服务，实时进行采集、分析以及处理。这样整个互联网就成了一个巨大的保障用户计算机安全的杀毒软件，参与者越多，每个参与者就越安全，整个互联网就会更安全。

（2）网格安全技术

网格是一种虚拟计算环境，利用计算机网络将分布各地的计算、存储、网络、软件、信息、知识等资源连成一个逻辑整体，如同一台超级计算机为用户提供一体化的信息应用服务，实现互联网上所有资源的全面连通与共享，消除信息孤岛和资源孤岛。网格作为一种先进的技术和基础设施，已经得到广泛的应用。网格安全技术是指保护网格安全的技术、方法、策略、机制、手段和措施，它可以防止非法用户使用或获取网格的资源，从而确保网络资源的安全性。网格环境具有异构性、可扩展性、结构不可预测性和具有多级管理域等特点，网格安全的关键技术包括：安全认证技术、网格中的授权、网格访问控制、网格安全标准等。

（二）计算机网络安全的内容

1．计算机网络安全的概念

计算机网络安全不仅包括组网的硬件、管理控制网络的软件，也包括共享的资源、快捷的网络服务等，所以定义网络安全应考虑涵盖计算机网络所涉及的全部内容。根据国际标准化组织 ISO 给出的定义，计算机网络安全是指：保护计算机网络系统中的硬件、软件和数据资源，不因偶然或恶意的原因遭到破坏、更改、泄露，使网络系统连续可靠性地正常运行，网络服务正常有序。

2．网络安全的体系结构

通常，从网络安全技术及应用的角度来讲，网络安全涉及的内容包括操作系统安全、数据库安全、网络站点安全、病毒与防护、访问控制、加密与鉴别七个方面。从层次结构上来讲，也可以将网络安全涉及的内容概括为物理安全、系统安全、运行安全、通信安全、数据安全和管理安全六个方面，如图 7-3 所示。

（1）物理安全

物理安全（Physical Security）也称实体安全，指保护硬件系统和软件系统，即计算机网络设备、设施及其他媒介免遭水灾、火灾、盗窃、雷击、地震、有害物质、静电和其他环境事故破坏的措施及过程，包括环境安全、设备安全和媒体安全三个方面。

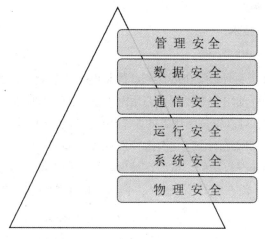

图 7-3　网络安全的层次结构

（2）系统安全

系统安全（System Security）主要是指为了确保整个系统的安全所采取的各种安全措施，主要包括操作系统安全、数据库系统安全和网络系统安全。根据网络系统的特点、实际条件和管理要求，通过有针对性地为系统提供安全策略、保障措施、应急修复方法、安全建议和安全管理规范等，确保整个网络系统的安全运行。

（3）运行安全

运行安全（Operation Security）主要是指为了网络系统正常运行和服务所采取的各种安全措施，包括计算机网络及系统运行安全和网络访问控制的安全，如设置防火墙实现内外网的隔离，实施网络访问控制，意外时进行系统应急备份及系统恢复等。运行安全包括内外网的隔离机制、系统升级与加固、网络系统安全性监测、网络安全产品运行监测、应急处置机制与配套服务、灾难恢复机制与预防、定期检查与评估、跟踪最新安全漏洞、安全审计、系统升级改造、网络安全咨询等。

（4）通信安全

通信安全即通信及线路安全。为保障系统之间通信的安全采取的措施有：通信线路和网络基础设施安全性测试与优化、安装网络加密设施、设置通信加密软件、设置身份鉴别机制、设置并测试安全通道、测试各项网络协议运行漏洞等方面。

（5）数据安全

数据安全包括：介质与载体安全保护、数据访问控制（系统数据访问控制检查、标识与鉴别）、数据完整性、数据可用性、数据监控和审计、数据存储与备份安全等。

（6）管理安全

管理是信息安全的重要手段，为管理安全设置的机制有：人员管理、培训管理、应用系统管理、软件管理、设备管理、文档管理、数据管理、操作管理、运行管理、机房管理。通过实施管理安全，为以上各个方面建立安全策略，形成安全制度，并通过培训和促进措施，保障各项管理制度落到实处。

3．网络安全的相关技术

（1）防火墙技术

防火墙（Firewall）是一种计算机硬件和软件相结合的隔离技术，是设置在可信网络和不可信网络（如内部网和外部网、专用网与公用网）之间的安全防护系统。防火墙是不同网络之间信息的唯一出入口，可以根据使用者的安全策略，允许、拒绝或监测经过自身的数据流，尽可能地对外部屏蔽内部网络的信息并有选择性地接受外部访问，同时它能够限制内部网络中的用户对外部网络的非授权访问，从而在被保护网络和外部网络之间架起一道保护屏障，以防止发生不可预测的、潜在的破坏性侵入。防火墙的工作原理如图7-4所示。

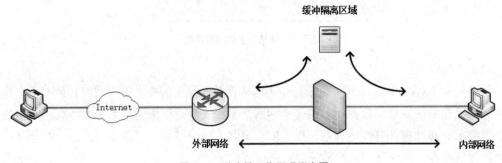

图7-4　防火墙工作原理示意图

按照防火墙实现技术的不同，可以将防火墙分为包过滤防火墙、应用代理防火墙、状态检测防火墙等几种类型。在实际使用中，一般综合采用以上几种技术，使防火墙产品能够满足对安全性、高效性、适应性和易管理性的要求，再集成防病毒软件的功能来提高系统的防病毒能力和抗攻击能力。

（2）密码技术

密码技术是研究数据加密、解密、变换，确保信息的保密性和真实性的技术。密码技术的基本思想是伪装信息，使未授权者无法理解其真正含义。密码技术包括密码算法设计、密码分析、安全协议、身份认证、消息确认、数字签名、密钥管理、密钥托管等多项技术。使用密码技术不仅可以保证信息的机密性，而且可以保证信息的完整性和准确性，防止信息被篡改、伪造和假冒。

任何一个密码体制至少包括5个组成部分：明文、密文、加密算法、解密算法和密钥。一个密码体制的基本工作过程是：发送方用加密密钥，通过加密算法，将明文信息加密成密文后发送出去；接收方在收到密文后，用解密密钥通过解密算法将密文解密，恢复为明文。如果有人窃取传输过程中的信息，则只能得到无法理解的密文，从而对信息起到保密作用。

网络数据加密技术主要分为数据传输加密和数据存储加密。数据传输加密技术主要是对传输中的数据流进行加密，常用的有链路加密、节点加密和端到端加密三种方式。数据存储加密技术是防止存储环节的数据失密，可分为密文存储和存取控制两种。

（3）入侵检测

据统计，全球 80%以上的入侵来自网络内部。由于性能的限制，防火墙通常不能提供实时的入侵检测能力，对于来自内部网络的攻击，防火墙形同虚设。入侵检测是对防火墙极其有益的补充。入侵检测是从计算机网络或计算机系统中的若干关键点搜集信息并对其进行分析，从中发现网络或系统中是否存在违反安全策略的行为和遭到袭击的迹象的一种机制。入侵检测系统使用入侵检测技术对网络与系统进行监视，并根据监视结果采取不同的安全动作，从而最大限度地降低可能的入侵危害。

入侵检测系统按照监测对象可分为基于网络的入侵检测、基于主机的入侵检测和混合入侵检测三种。

（4）计算机病毒防范

计算机病毒是编制者在计算机程序中插入的破坏计算机功能或者数据的代码，能影响计算机使用，能自我复制的一组计算机指令或者程序代码。就像生物病毒一样，计算机病毒具有自我繁殖、互相传染以及激活再生等生物病毒特征。计算机病毒具有独特的复制能力，它们能够快速蔓延，又常常难以根除。它们能把自身附着在各种类型的文件上，当文件被复制或从一个用户传送到另一个用户时，它们就随同文件一起蔓延开来。计算机病毒具有传播性、隐蔽性、感染性、潜伏性、可激发性、表现性或破坏性等特点。

随着计算机网络的广泛应用和快速发展，计算机病毒的传播也从传统的常用交换媒介传播，逐渐发展到通过互联网传播，其主要传播途径有以下几种。

① 移动存储介质：移动存储介质主要包括 U 盘、光盘、移动硬盘、MP4、闪存、CF 卡、SD 卡等。移动存储介质的便携性和大容量存储性为病毒的传播带来了极大便利，这也是其成为目前主流病毒传播途径的重要原因。例如，"U 盘杀手"病毒就是一个利用 U 盘等移动设备进行传播的蠕虫病毒。autorun.inf 文件通常隐藏于 U 盘、MP4、移动硬盘和光盘各个分区的根目录下，当用户双击 U 盘等设备的时候，该文件就会利用 Windows 系统的自动播放功能优先运行 autorun.inf 文件，而该文件就会立即执行所要加载的病毒程序，从而破坏用户计算机，使用户计算机遭受损失。

② 网络传播：当用户浏览不明网站或误入携带木马病毒的网站后，病毒便会入侵计算机系统并安装病毒程序，使终端计算机不定期自动访问该网站，从而造成重要的机密文件或用户名、密码等信息被窃取，给用户造成各种损失。

③ 电子邮件传播：病毒通过电子邮件传播，主要依附在电子邮件的附件中，当用户下载附件时，计算机就会感染病毒。由于电子邮件具有一对多扩散的特性，其在被广泛应用的同时，也为计算机病毒的传播提供了一种途径。

④ 下载文件传播：计算机病毒可以伪装成其他程序或隐藏在不同类型的文件中，通过下载文件的方式传播。计算机病毒常被捆绑或隐藏在互联网的共享程序或文件中，且以流行的游戏、音乐、图片、视频、文件等方式吸引用户下载，用户一旦下载了这类程序或文件，计算机极有可能感染病毒。

⑤ 即时通信软件传播：计算机病毒经常借助 QQ、MSN、微信等即时通信工具进行传播。即时通信软件本身存在的安全性漏洞和缺陷，以及其中丰富的联系人列表，为病毒的大范围传播提供了极为便利的条件。现在，通过 QQ 这一种软件进行传播的病毒就达上百种。

⑥ 移动通信终端传播：病毒通过移动通信终端传播已经成为一种新趋势。手机作为最典型的移动通信终端，由于其普及率高及安全防御能力差，已成为一种新型的病毒传播途径。具有传染性和破坏性的病毒常利用手机发送短信、彩信，或通过无线网络下载歌曲、图片、游戏文件等方式传播。手机用户在不经意的情况下读取短信、彩信或单击网址链接，就会使病毒毫不费力地侵入手机。

针对上述计算机病毒的传播途径，可采取的病毒防范措施包括：使用正版操作系统及正版应用软件；安装杀毒软件及防火墙，并经常进行更新升级；定期检测计算机系统，及时更新系统漏洞补丁；不要随便浏览陌生或不良网站；不轻易打开来历不明的电子邮件；对公用软件和共享软件要谨慎使用，下载软件最好到正规官方网站下载；对 U 盘或其它移动存储设备要先杀毒再使用；从网上下载软件或文件后，一定要先扫描杀毒再运行；使用 QQ、微信等聊天工具时，不要轻易接收陌生人发来的文件，发过来的网络链接也不要随意单击打开；建立系统的应急计划，重要文件定期备份。

三、项目实施

（一）校园网的安全需求分析

1. 校园网面临的安全问题

校园网作为一个应用于教育、教学领域的专用网络，其安全要求具有区别于其他商业、政府网络的特点，具体表现在以下几个方面。

（1）校园网的网络组成结构复杂。校园网从结构上讲，可分为核心、汇聚和接入三个层次；从功能上又可以划分为教学子网、办公子网、宿舍子网等。而且，校园网接入方式多样，逐渐形成了包括局域网上网、宽带接入、无线上网等多种接入方式并存的情况。另外，许多校园网都是多出口结构，既接入 ChinaNet，也接入教育网的 CERNET 或者其他运营商网络。

（2）用户类型多，学生群体活跃。校园网具有多样化的用户群体，包括教师、学生、管理人员和外来人员等，管理难度很大。

（3）应用系统众多，功能复杂。校园网要满足教学和管理过程中的众多需要，如教学、科研与教学管理的需要。因此，校园网上运行许多应用系统，包括 Web、E-mail、网络办公系统、在线教学系统和一卡通系统等，众多的应用系统使校园网不可避免地存在很多的安全隐患。

（4）网络环境开放。校园网相对来说是一种开放的、宽松的网络环境。企业网管理较为严格，可对员工的 Web 浏览和电子邮件等行为进行限制，而校园网环境下通常不这样做。

（5）网络安全投入少，管理不足。因为意识与资金方面的原因，在校园网建设中普遍存在"重技术、轻安全、轻管理"的倾向，在安全建设方面往往不够重视。同时，国内大部分高校网络管理人员往往需要兼顾网络建设、维护、管理和安全等多项工作，人员精力分散，网络安全很难得到保障。

（6）盗版资源泛滥，导致系统的安全性很低。目前流行的许多操作系统均存在网络安全漏洞，给网络安全带来了一定的隐患，尤其是盗版软件的安全隐患更大。例如，Microsoft 公司对盗版 Windows 操作系统的更新做了限制，安装盗版的计算机系统会留下大量的安全漏洞。另一方面，从网络上随意下载的软件中可能隐藏木马、后门等恶意代码；许多系统更新不及时，可以被攻击者轻松地侵入。

2. 校园网的安全需求

校园网的安全一定是全方位的安全。首先，在网络出入口、数据中心、服务器等重点区域要做到物理隔离和安全过滤；其次，不管是接入设备还是骨干设备，设备本身需要具备强大的安全防护能力，并且部署的设备不能影响到网络的性能，不能造成单点故障；其三，要充分考虑全局统一的安全要求，要能够从接入控制到网络安全事件进行深度探测，并与现有的安全设备能够实现有机的联动；要有对安全事件触发源的准确定位能力，具有身份隔离与修复措施，形成一个由内至外的网络整体安全构架。

一般而言，校园网的安全要注意重视以下几个要点。

- 校园网应禁止外部非校园网用户未经许可访问内部数据，实现内部网络和重要服务器数据的安全防护。
- 对校园网内部各部门、个人之间的网络访问进行控制。要实现网络的逻辑或物理隔离，各部门及个人之间在未经授权的情况下，不能互相访问。
- 加强网络监控，要实现对涉及重要服务器的攻击行为的记录与分析。
- 加强网络病毒的防范。
- 加强安全管理，对校园网内部访问进行规范化管理。
- 校园网的安全要点是在对出口等重点区域进行安全部署的同时，要更加全面地考虑安全问题，让整个网络从设备级的安全上升一个台阶，摆脱仅仅局部加强某个单点的安全强度的手段。

（二）校园网的安全部署

根据对校园网功能及安全需求的分析，可以设计出校园网安全结构部署图，以下图 7-5 所示的某高校校园网拓扑图为例，在网络安全的硬件与软件部署上主要考虑以下几个方面。

① 防火墙设备。在校园网边界部署防火墙设备，可以通过设定安全策略防止不可信网络（外网），抵挡外部网络的攻击，在一定程度上保护内网的安全。或者，在校园网出口部署 UTM（安全网关）设备，从而防病毒和防垃圾邮件。通过在其上设置访问控制规则，可以对进出内网的用户进行访问控制，有效防止黑客攻击以及病毒和垃圾邮件侵入，以保障内网安全。

② 使用网络安全管理系统。目前具有安全管理功能的系统有很多种，这种系统可以从网络接入者的身份、接入主机的健康性以及网络通信的安全性等多方面为用户构建一个全局的安全网络。

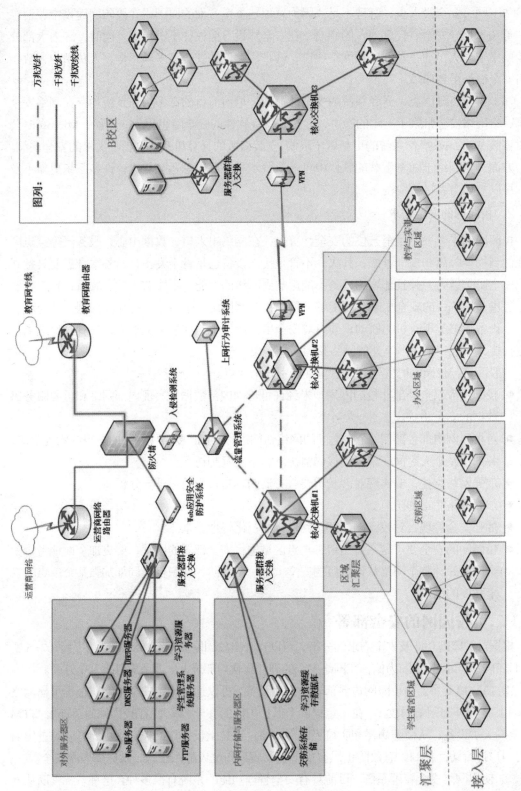

图7-5 某高校校园网络拓扑结构图

③ 针对上网的用户区增加上网行为管理系统，部署上网行为审计系统，可以实现对数据包的访问审计、限制敏感类型网址访问、论坛发帖关键字过滤、论坛发帖及聊天记录审计。

④ 配置 Web 应用安全防御系统。Web 应用安全防御设备放在防火墙与外网服务器群接入交换机之间。这样的部署比较灵活，可以提高安全管理效率以及进行全面的保护与监控，还可防御某些脚本攻击。

⑤ 在数据安全保护方面，对核心数据采取定期备份机制，从而有效保护了核心数据的安全。

⑥ 访问日志管理系统。与防火墙配套的访问日志管理系统，能够很好地保存和查询内外网流经校园网边界的访问信息和操作指令，满足了对网络安全威胁事件事前防范、事中查询和事后追踪的需求，也便于对网络安全事件的调查和取证。

⑦ 流量管理系统。在校园网中配置流量管理系统，是在网络应用趋于多样化的背景下所采用的一种对数据流量进行有效管理的系统。在学校对网络应用系统依赖程度增加的同时，网络中的各种应用系统类型也在快速递增，一方面，学校各种关键应用（如协同办公系统、网络课程教学系统、一卡通系统等）对带宽资源提出了更高的要求；另一方面，类似 P2P 下载、网络电视、即时通讯和网络游戏等一些与工作学习无关的应用日益泛滥，学校有限的广域网网络带宽正被这些极为消耗带宽资源的应用所吞噬，所以应该分时段、分部门管理网络流量。

⑧ 入侵检测系统（IDS）。校园网一般采用防火墙作为安全的第一道防线，但随着攻击者技术的日趋成熟，攻击工具与手法的日趋复杂多样，目前的网络环境也变得越来越复杂，各式各样的复杂设备需要不断升级、补漏，使得网络管理员的工作不断加重，不经意的疏忽便有可能造成重大的安全隐患。在这种情况下，入侵检测系统就成了构建网络安全体系中不可或缺的组成部分，它是对防火墙的有益补充。入侵检测系统可以对网络系统的信息传输进行实时监控，在发现可疑传输时发出警报或者采取主动防御措施。

思考与练习

一、单选题

1. 在各种网络攻击方式中，端口扫描属于下列哪一类攻击？（　　　）

A. 信息收集型攻击　　B. 访问类攻击　　C. Web 攻击　　　　D. 拒绝服务类攻击

2. 现今非常流行的 SQL 注入攻击属于下列哪一类攻击？（　　　）

A. 访问类攻击　　　　B. Web 攻击　　　C. 拒绝服务类攻击　　D. 溢出类攻击

3. 可以通过哪种安全产品划分网络结构，管理和控制内部和外部通信？（　　　）

A. 防火墙　　　　　　B. 入侵检测　　　C. 加密机　　　　　　D. 防病毒产品

4. 以下关于计算机病毒的特征说法哪一项是正确的？（　　　）

A. 计算机病毒只具有破坏性，没有其他特征

B. 计算机病毒具有破坏性，不具有传染性

C. 破坏性和传染性是计算机病毒的两大主要特征

D. 计算机病毒只具有传染性，不具有破坏性

5. 以下哪一项不属于入侵检测系统的功能？（　　）

A. 监视网络上的通信数据流　　　　B. 捕捉可疑的网络活动

C. 提供安全审计报告　　　　　　　D. 过滤非法的数据包

6. 加密技术不能实现以下哪一项功能？（　　）

A. 数据信息的完整性　　　　　　　B. 基于密码技术的身份认证

C. 机密文件加密　　　　　　　　　D. 基于 IP 头信息的包过滤

7. 所谓加密是指将一个信息经过（　　）及加密函数转换，变成无意义的密文，而接受方则将此密文经过解密函数、（　　）还原成明文。

A. 加密密钥、解密密钥　　　　　　B. 解密密钥、解密密钥

C. 加密密钥、加密密钥　　　　　　D. 解密密钥、加密密钥

8. 在以下人为的恶意攻击行为中，属于主动攻击的是以下哪一项？（　　）

A. 数据篡改及破坏　　　B. 数据窃听　　　C. 数据流分析　　　D. 非法访问

二、多选题

1. 常见的网络攻击分为以下哪几种类型？（　　）

A. 访问类攻击　　　　　　B. Web 攻击　　　　　　C. 拒绝服务类攻击

D. 信息收集型攻击　　　　E. 病毒类攻击　　　　　　F. 溢出类攻击

2. 网络防火墙的作用包括以下哪几项？（　　）

A. 防止内部信息外泄　　　　　　　B. 防止系统感染病毒

C. 防止黑客访问　　　　　　　　　D. 建立内部网络和外部网络之间的屏障

3. 计算机病毒的传播方式有以下哪几种？（　　）

A. 通过共享资源传播　　　　　　　B. 通过网页恶意脚本传播

C. 通过网络文件传输传播　　　　　D. 通过电子邮件传播

4. 网络安全中的物理安全主要包括以下哪几项？（　　）

A. 机房环境安全　　B. 通信线路安全　　　C. 设备安全　　　　　D. 电源安全

5. 从实现的技术角度可以将防火墙划分为以下哪几种类型？（　　）

A. 包过滤防火墙　　B. 应用代理防火墙　　C. 状态检测防火墙　　D. 链路检测防火墙

三、简答题

1. 网络攻击一般可分为哪几种类型，各是什么含义？

2. 网络安全威胁主要来自哪些方面？

3. 病毒的主要传播途径有哪些？

附录
VMware 虚拟机的使用

在做计算机网络实验（如网络共享、网络服务配置等）时，往往需要多台计算机，而上课班级学生人数众多，实践教学时很难满足每人至少占用两台计算机的要求；另外，教师或学生在课前备课或课后学习时，一般很难找到两台计算机同时来进行实验，即使有两台计算机，往往安装的也是桌面操作系统，而不是实验所需的网络操作系统。为解决上述问题，通过在计算机上安装 VMware 来构建一个虚拟网络环境是一个很好的方法。

一、虚拟机软件 VMware 简介

VMware Workstation 是美国 VMware 公司（VMware，Inc.）推出的一款虚拟机软件。通过该软件可以在同一台计算机上虚拟出多台计算机，这些虚拟机就像真实机一样，拥有自己独立的 CPU、内存、硬盘、网卡和接口等，我们可以在虚拟机上进行分区、格式化、安装操作系统和应用软件等操作，所有的这些操作都不会对真实主机的硬盘分区和数据造成任何影响和破坏。VMware Workstation 可以在同一台真实机上创建多个虚拟机并安装不同的操作系统，各个操作系统可以同时开启和运行，可以像对待标准的 Windows 应用程序那样在多个操作系统之间来回切换，可以将多个虚拟机连接在一起，组建成一个局域网，而这个网络的行为与真实的网络完全一致。

VMware 虚拟机的主要功能包括。

● 不需要分区或重新开机就能在同一台 PC 上使用两种以上的操作系统，如 Windows、Dos、Linux 系统等。

● 各个虚拟机之间完全隔离，并且保护不同操作系统的环境及安装在虚拟系统中的应用程序和数据资料。

- 不同的操作系统之间可以互动操作，包括网络、周边设备、文件共享以及复制粘贴等，允许真实机与虚拟机之间或者虚拟机与虚拟机之间直接拖动文件进行复制和粘贴操作。
- 可以对虚拟机进行克隆（Clone）、备份和还原操作。克隆是根据目标虚拟机创建出一个新的虚拟机，而备份和还原则类似与在真实机上使用 Ghost 进行备份与还原。
- 能够设定并且随时修改虚拟操作系统的操作环境，如：内存、硬盘空间、周边设备等。

当然，由于 VMware 实现了多操作系统同时运行，每个操作系统对资源的占用使得其对真实主机的硬件要求比较高，尤其是 CPU 和内存，当多个虚拟机同时运行时，真实机的反应速度会有明显的下降。

二、安装 VMware Workstation

此处以安装 VMware Workstation 10 为例来演示软件的安装过程，故在安装之前，请首先从网络上下载该软件的安装包，文件大小为 500M 左右。

双击 VMware 程序的安装包，出现"安装向导"窗口，如附图 1 所示。单击"下一步"按钮，在接下来的步骤中，"许可协议"窗口选择"我接受许可协议中的条款"，"安装类型"窗口选择"典型"安装。

附图 1　安装向导

在"目标文件夹"窗口中，单击"更改…"按钮选择软件的安装路径或直接采用默认安装路径，如附图 2 所示。

附图 2　设置安装路径

在以下的"软件更新""用户体验改进计划""快捷方式"等窗口，直接单击"下一步"即可，安装向导开始进行程序的安装，如附图 3 所示。

附图 3　安装程序进行中

在程序安装的最后，要求输入许可证密钥，输入购买的密钥后单击"输入"按钮，即完成 VMware Workstation 的安装，如附图 4 所示。

附图 4　输入许可证密钥

需要说明的是，当安装了 VMware Workstation 之后，计算机上会增加两块虚拟网卡，分别为"VMware Virtual Ethernet Adapter for VMnet1"和"VMware Virtual Ethernet Adapter for VMnet8"，这两块虚拟网卡用于真实机和虚拟机之间的通信，其配置信息一般无需修改。

三、创建 VMware 虚拟机

双击桌面的 VMware 图标，打开 VMware Workstation 10 主窗口，如附图 5 所示。

附图 5　VMware Workstation 10 主窗口

① 选择虚拟机的配置类型。单击主窗口中部"创建新的虚拟机"连接，打开新建虚拟机向导，如附图 6 所示。此处推荐选择"典型"配置，以跳过一些无关紧要的设置步骤。

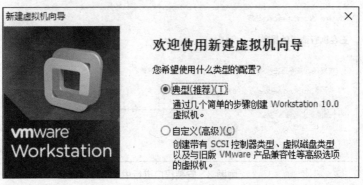

附图 6　新建虚拟机向导

② 选择操作系统的安装方式。在"安装客户机操作系统"窗口选择如何安装虚拟机的操作系统，此处我们选择"稍后安装操作系统"以创建一个空白硬盘，如附图 7 所示。

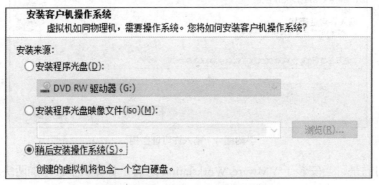

附图 7　设置虚拟机操作系统的安装方式

③ 选择操作系统。在"选择客户机操作系统"窗口选择虚拟机欲安装的操作系统类别及版本，此处我们选择安装"Windows Server 2008"，如附图 8 所示。

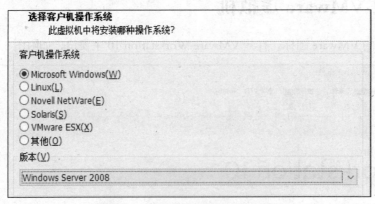

附图 8　设置虚拟机欲安装的操作系统

④ 设置虚拟机的名称及安装位置。在"命名虚拟机"窗口中，设置虚拟机的名称及安装位置，可采用默认值，如附图 9 所示。

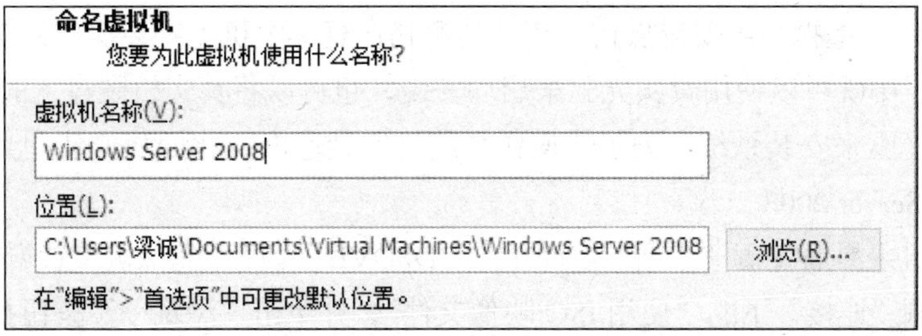

命名虚拟机
　您要为此虚拟机使用什么名称？

虚拟机名称(<u>V</u>)：

Windows Server 2008

位置(<u>L</u>)：

C:\Users\梁诚\Documents\Virtual Machines\Windows Server 2008　　浏览(<u>R</u>)...

在"编辑">"首选项"中可更改默认位置。

附图 9　设置虚拟机的名称及安装位置

⑤ 设置虚拟机硬盘的大小。在"指定磁盘容量"窗口中，设置虚拟机可用的最大磁盘空间，一般采用默认值即可，如附图 10 所示。

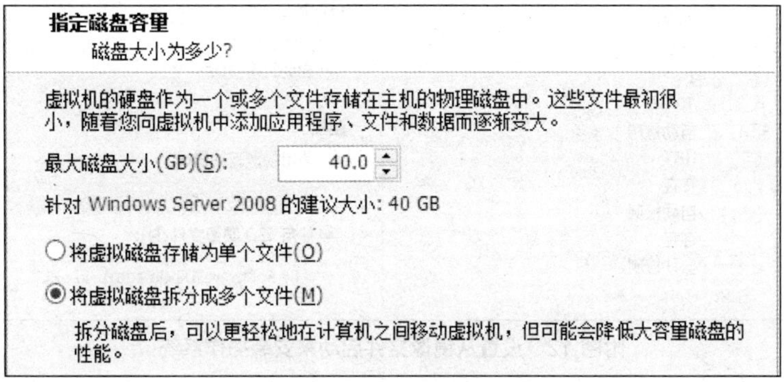

指定磁盘容量
　磁盘大小为多少？

虚拟机的硬盘作为一个或多个文件存储在主机的物理磁盘中。这些文件最初很小，随着您向虚拟机中添加应用程序、文件和数据而逐渐变大。

最大磁盘大小(GB)(<u>S</u>)：　　40.0

针对 Windows Server 2008 的建议大小：40 GB

○ 将虚拟磁盘存储为单个文件(<u>O</u>)

◉ 将虚拟磁盘拆分成多个文件(<u>M</u>)

　拆分磁盘后，可以更轻松地在计算机之间移动虚拟机，但可能会降低大容量磁盘的性能。

附图 10　设置虚拟机的磁盘大小

⑥ 虚拟机创建完毕。在"已准备好创建虚拟机"窗口，列出了虚拟机的设置概况，单击"完成"按钮，一个无操作系统的虚拟机即创建完毕，如附图 11 所示。

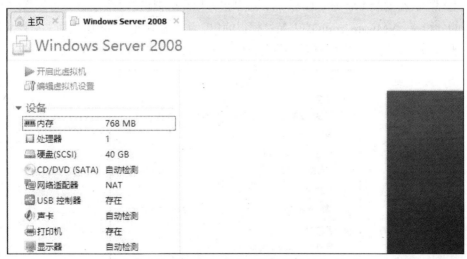

附图 11　已创建好的虚拟机

四、安装虚拟机操作系统

　按照上述步骤创建好的虚拟机并没有操作系统，下面我们给虚拟机安装 Windows Server

2008 操作系统。在虚拟机中安装操作系统，其实和在真实主机上安装操作系统并没有什么区别，但在虚拟机中既可以使用真实光驱来启动安装，也可以将真实机硬盘上的 ISO 光盘镜像文件作为虚拟光驱来安装系统。为加快操作系统的安装速度，此处我们使用光盘镜像文件来安装 Windows Server 2008。

单击虚拟机主界面左侧"设备"栏下的"CD/DVD"，打开虚拟机设置窗口，如附图 12 所示。选中右侧"连接"下的"使用 ISO 映像文件"，并单击"浏览…"按钮找到操作系统的镜像文件，即可将虚拟机设置成从光盘镜像文件启动。

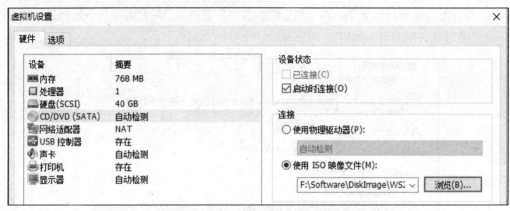

附图 12　设置从镜像文件启动来安装操作系统

单击主界面上部的"开启此虚拟机"，虚拟机开始启动并加载光盘镜像文件，随后进入操作系统的安装向导，此后的安装过程就与真实机上的操作一样，此处不再赘述。

在虚拟机中安装完操作系统之后，还需要安装 VMware Tools。VMware Tools 相当于虚拟机的驱动程序，在安装 VMware Tools 后，可以极大提高虚拟机的性能，并且可以修改虚拟机显示器的分辨率。VMware Tools 的安装过程很简单，从"虚拟机"菜单中选择"安装 VMware Tools"开始安装，安装完毕后重新启动虚拟机即可生效，如附图 13 所示。

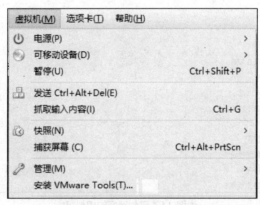

附图 13　安装 VMware Tools

需要提醒的是，在使用 VMware 虚拟机时，若要让虚拟机控制鼠标和键盘，可在虚拟机内部任意位置单击一下，若要回到真实机系统，可同时按 Ctrl+Alt 组合键。另外，不要在虚拟机中使用 Ctrl+Alt+Delete 组合键，因为虚拟机和真实机均会同时对该组合键作出反应，在虚拟机中应使用 Ctrl+Alt+Insert 组合键来代替 Ctrl+Alt+Delete。

五、VMware 虚拟机的基本配置

1．修改虚拟机的内存。

在虚拟机关闭状态下，单击主界面左侧"设备"栏下的"内存"，打开虚拟机设置窗口，可在窗口右侧通过拖动滑块或直接修改数值来调整虚拟机的内存，如附图 14 所示。

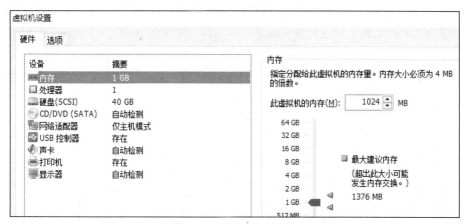

附图 14　修改虚拟机内存

2．增加虚拟机磁盘空间。

若虚拟机在使用过程中磁盘空间不足，可另外添加一块新磁盘。在上图所示的虚拟机设置窗口下部单击"添加…"按钮，在弹出的添加硬件向导中，选择添加"硬盘"，如附图 15 所示。

单击"下一步"，在"选择磁盘类型"和"选择磁盘"窗口采用默认值，在"指定磁盘容量"和"指定磁盘文件"窗口中分别设置新磁盘的容量大小和磁盘文件的名称，最后单击"完成"按钮，即成功添加了一块新磁盘，如附图 16 所示。

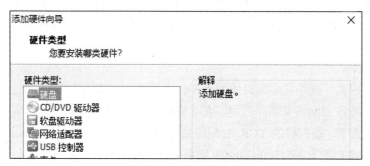

附图 15　添加硬件向导

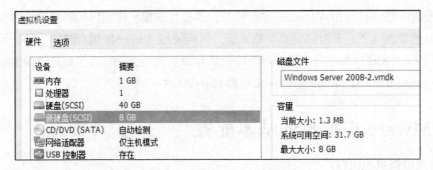

附图16　成功添加一块新硬盘

3．设置虚拟网络的连接模式

虚拟机创建好之后，我们还希望虚拟机和真实机之间、虚拟机和虚拟机之间能够互相通信和联网，而虚拟网络的不同连接模式会影响到虚拟机如何接入网络。VMware 虚拟机有三种常见连接模式，分别是桥接模式、NAT 模式、仅主机模式，如附图17所示。

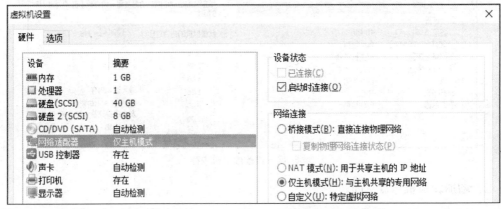

附图17　虚拟网络的连接模式

① 桥接模式

在桥接模式下，虚拟机就像是局域网中的一台独立的主机，它的行为和真实主机一样，可以访问网络中的任何一台主机，也可以访问公网。若虚拟机和宿主机（虚拟机所在的真实机）之间需要互相通信，就需要人工为双方配置 IP 地址（含子网掩码）并将其设置在同一网段。当然，如果网络中提供了 DHCP 服务器，虚拟机也可以自动获得 IP 地址。如果我们想利用 VMware 在局域网内新建一台虚拟服务器，为网内的用户提供网络服务，就应该选择桥接模式。

② NAT 模式

使用 NAT 模式，就是让虚拟机借助 NAT（网络地址转换）功能，通过宿主机（虚拟机所在的真实机）所在的网络来访问公网。也就是说，使用 NAT 模式可以实现虚拟机访问互联网。在 NAT 模式下，虚拟机的 TCP/IP 配置信息是由 VMnet8（安装 VMware 之后在真实主机上产生的一块虚拟网卡）自带的 DHCP 服务来动态分配的，无法人工进行修改，因此虚拟机也就无法和本局域网中的其他真实机进行通信，但虚拟机和宿主机仍然可以通信。采用 NAT模式的最大好处是虚拟机不需要进行任何配置就可以直接通过宿主机访问互联网。

③ 仅主机模式

采用仅主机模式可以将真实环境和虚拟环境隔离开，在这种模式下，同一宿主机（虚拟机所在的真实机）下的虚拟机之间可以互相通信，虚拟机和宿主机之间也可以互相通信，但虚拟机和真实网络是被分隔开的，虚拟机不能访问网络中的其他主机，也不能访问公网。在仅主机模式下，虚拟机的 TCP/IP 配置信息是由 VMnet1（安装 VMware 之后在真实主机上产生的另一块虚拟网卡）自带的 DHCP 服务来动态分配的。如果你想利用 VMware 创建一个与网络内其他主机相隔离的虚拟系统以进行某些特殊的网络测试工作，可以选择仅主机模式。

参考书目

[1] 九州书源. 计算机网络实用技术. 2 版. 北京：清华大学出版社，2011

[2] 杜辉，赵娜. 计算机网络基础与局域网组建. 北京：北京邮电大学出版社，2013

[3] 卢晓丽. 计算机网络技术. 北京：机械工业出版社，2011

[4] 杭州华三通信技术有限公司. 路由交换技术第 1 卷（上册、下册）. 北京：清华大学出版社，2011

[5] 杭州华三通信技术有限公司. IPv6 技术. 北京：清华大学出版社，2010

[6] 刘晓川. 网络服务器配置与管理. 北京：中国铁道出版社，2011.3

[7] 程书红. 网络操作系统管理与配置（Windows Server 2008）. 北京：中国铁道出版社，2013

[8] 高峡，陈智罡，袁宗福. 网络设备互联学习指南. 北京：科学出版社，2009

[9] 贾铁军. 网络安全技术与实践. 北京：科学出版社，2014

[10] 蒋亚军. 网络安全技术与实践. 北京：人民邮电出版社，2012

[11] 孙建国. 网络安全实验教程. 2 版. 北京：清华大学出版社，2014